计算视觉设计

魏 东◎著

Computational Visual Design

中国传媒大学出版社
·北 京·

图书在版编目(CIP)数据

计算视觉设计 / 魏东著. -- 北京：中国传媒大学出版社，2023.3
ISBN 978-7-5657-3313-0

Ⅰ. ①计… Ⅱ. ①魏… Ⅲ. ①计算机视觉—视觉设计 Ⅳ. ①TP302.7 ②J062

中国版本图书馆 CIP 数据核字(2022)第 195513 号

计算视觉设计
JISHUAN SHIJUE SHEJI

著　　者 魏　东
责任编辑 于水莲
封面设计 拓美设计
责任印制 李志鹏

出版发行 中国传媒大学出版社
社　　址 北京市朝阳区定福庄东街 1 号　　**邮　　编** 100024
电　　话 86-10-65450528　65450532　　**传　　真** 65779405
网　　址 http://cucp.cuc.edu.cn
经　　销 全国新华书店

印　　刷 唐山玺诚印务有限公司
开　　本 787mm×1092mm　1/16
印　　张 10.25
字　　数 173 千字
版　　次 2023 年 3 月第 1 版
印　　次 2023 年 3 月第 1 次印刷

书　　号 ISBN 978-7-5657-3313-0/TP · 3313　　**定　　价** 49.00 元

本社法律顾问：北京嘉润律师事务所　郭建平

前　言

今天，快速发展的数字技术对设计教育产生了重大影响，学科交叉已经成为一种常态。计算机的出现为设计提供了新的工具并引发了设计风格的转变，计算机编码给设计过程、思维逻辑以及艺术审美等方面带来了深刻变化，为传统视觉设计领域扩展出了新的内容和新的命题。近年来，一些科技热点轮番出现，比如3D打印、人工智能、元宇宙、AIGC……在如此快速多变的科技影响下，找到设计教育的根本而不被科技热词所迷惑无疑需要纵贯历史的批判性思维能力。计算视觉设计作为一种面向未来的设计，充分体现了设计师的时代价值和设计思维能力。深度掌握数字技术，关注人工智能等新领域成了今天设计师的必备能力。计算视觉设计正在蓬勃发展中，本书的出版及时回应了今天视觉设计领域出现的种种新现象。

本书以专业术语、计算视觉设计的核心要素以及计算视觉设计的延展内容为主体框架，首先对专业概念术语以及相关研究领域进行辨析，从而发现计算视觉设计的研究边界以及发展价值；其次对计算在视觉设计中的历史发展进行梳理，从视觉设计的视角和计算机艺术的视角梳理计算视觉设计的形成与发展，通过对代表性设计师和艺术家的思想主张和重要作品进行介绍，挖掘计算视觉设计与计算机艺术和现代艺术之间的种种细微关联；再次对计算视觉设计的各个核心要素进行阐释，尤其针对软件、编码、算法、逻辑计算、媒介转换以及计算思维进行分析；最后从编码创意的角度对条件设计、机械绘画、数字生成景观、非语意写作、数据可视化和数据物理化进行阐释。因为近年来计算视觉设计领域不断有新的内容出现，所以本书的内容难免有缺漏，后续有机会再加以补充。

本书内容源自本人近几年的学术研究和教学积累，通过交叉学科项目、教改项目以及课程教学实践逐渐补充完善。一直以来我和我的研究生团队围绕计算视觉设计展开了多方面研究，在撰写过程中得到我的研究生张瑶、翟少昂、由宗源的协助，本书的顺利出版离不开他们的工作，在此表示感谢。另外，书中采用了国内外大量图例，一并向作品作者致谢。

作为国内第一本关于计算视觉设计的书籍，希望本书能为视觉设计专业提供新的理论知识和实践支持，也希望给各位读者带来新的思考方向和探索动力。

CONTENTS
目 录

导 言

数学计算和与计算有关的编程都与算法有关，计算在设计领域发挥着越来越重要的作用。对于设计师来说，需要适应这个快速变化的数字时代。如今，编程素养已经成为一种基本能力。当编程不再是设计师的障碍时，人们会把目光投向写作、商业设计思维以及如何看待过去计算与艺术设计领域所发生的一切。

在今天和未来的视觉设计领域，计算设计实践具有广泛的可能性和多样性，如何将其整合到设计教育中成为必须面对的话题。本书综合介绍计算在艺术设计领域，特别是视觉设计领域的发展状况，旨在激发这一领域所需的热情，启发大家进一步思考这些话题之间的关系，从而引发对未来设计的思考。

本书主要介绍计算的本质和相关概念、术语，以及与计算相关的艺术设计作品、设计师。除了作为一种自动化的算法工具，计算还被视为一种设计逻辑思维过程参与到设计中。本书由三部分组成：第一部分是基本概念和术语，包括与计算有关的设计、计算与设计、什么是计算视觉设计、计算设计师；第二部分是核心要素，包括软件、编码、编码与艺术、算法、逻辑计算、媒介转换、计算思维；第三部分是设计方法，包括条件设计、机械绘画、数字生成景观、非语义写作、数据可视化与数据物理化。正如*GRAPHIC*杂志所说，在过去的平面设计领域，计算应用已经体现出更多的可能性和多样性。当我们面向未来，抽象、规则、参数、由设计师主导的逻辑风格以及由编码驱动的系统会给平面设计带来无尽的想象。我们不禁要问：编程或计算系统能否成为平面设计的未来?

第一章

计算视觉设计概论

第一节 与计算有关的设计

设计一直处于不断的发展变化之中。计算机科学的快速发展带来了新的设计方法，再一次书写了设计史进程。计算机强大的计算能力、机器学习以及大数据，改变了人类在设计进程中的基本角色，也衍生出新的设计领域。

约翰·梅达（John Maeda）在《科技中的设计2016报告》（*Design in Tech Report 2016*）中指出，当前主要有三种设计：传统设计（Classical Design）、设计思维（Design Thinking）和计算设计（Computational Design）。所谓传统设计，是用正确的方式让事物更加完美、精巧、完整，以建造完美的产品为目的，使用纸张、木材、金属或其他任何物理材料进行设计实践，比如设计一把漂亮而舒适的椅子。传统设计推动工业革命发展，至今已经延续近千年。设计思维是一种引导创新的方法：以人为本，结合商业模式并可以启发各种创意；让设计成为一种体验，强调对问题的理解，比如思考我们是否还需要椅子。设计思维是以用户为中心的商业策略，目的是生产出由新创意产生的具有“同理心”（empathetic）的产品，主要使用黑板展示观点、过程，通过团队协作完成。科技的快速发展带来了新的设计方法，比如计算设计，这种设计方法将会对设计产生深远影响。计算设计是根据人的需求为数以万计的个人进行大规模设计。约翰·梅达认为，计算设计是受摩尔定律、移动计算和前沿科技的影响驱动的，涉及处理器、传感器、存储器、执行器、数据和网络等活动。在《科技中的设计2017报告》中，他进一步认为计算设计的工具及相关技能通常基于计算机科学和社会科学，将计算设计看作促进经济增长的核心驱动力。在科技社会中，计算设计被认为是最有价值的设计。相比依靠直觉和经验来解决设计问题的传统设计，计算设计这种新的设计方法可以产生成百上千的设计组合，找到解决问题的最佳方案。计算设计不同于传统设计的审美体验，但是，其复杂美学也带来了近似风格泛滥，一些设计师在实践中尽量避免这样做，如于尔格·莱尼（Jürg Lehni），她认为编写程序的时候，计算美学应该具有实际意义。了解这三种设计之后，我们就会对当前设计以及设计教育有较为全面的理解，清晰地看出计算设计的本质。

“计算”与“设计”的碰撞产生了一系列被广泛应用于设计实践的术语，这些实践将计算媒体作为概念、展示或实现过程的一个组成部分，例如参数化设计（Parametric Design）、生成设计（Generative Design）、算法设计（Algorithmic Design）、数字设计（Digital Design）、设计计算（Design Computing）、人工智能（Artificial Intelligence）和包容性设计（Inclusive Design）。通过比较这些术语与计算设计之间的关系，可以看出它们之间也存在重叠与歧义，这为我们理解计算设计提供了一个更加清晰的视角。

参数化设计 Parametric Design

参数化设计是一种利用参数来描述设计集合的设计方法。从广义上讲，参数是影响某一设计过程的一个数值。参数化设计多见于建筑设计、产品设计、平面设计领域，通过在系统中设置参数，对用户可操作和不可操作的行为进行描述、编码和量化，从而改变设计形式。设计师利用参数化设计可以创建一个包含无限潜在设计对象的数学矩阵，而不再是只有一个结果。参数化设计过程要求设计师确定改变什么参数和每个参数的数值范围。随着参数的变化，设计形式也会发生一系列变化，这些变化结果之间的差异会很细微，也可能很极端，从而提供一个复杂的系统。参数化设计可以被认为是从参数设置系统方面理解计算设计，为其他使用参数化工具的设计师提供了一个创作平台，让他们可以通过调整参数达到一个满意的设计结果。

图1 Generico椅子, Marco Hemmerling & Ulrich Nether, 2014

Generico椅子是德国设计师马尔科·黑默林（Marco Hemmerling）和乌尔里克·内瑟（Ulrich Nether）基于生成和数字制造技术，遵循设计中的参数化方法设计的新型家具，开发形式的过程涉及对结构性能、材料特性和人体工程学要求以及对技术生产参数的详细分析。设计中的迭代概念减少了椅子的部分体积，但仍然满足舒适性和所有功能要求。

图2 Flatware餐具，Greg Lynn，2005年至今

这套52件餐具的设计思路是突变与混合，以基本款为基础进行演变，形成一组尖齿和有蹼的手柄。这些看起来很特别的餐具，在图形上同属于一个大家族，但每一个又都与其他器皿之间有很大的差异。

生成设计 Generative Design

生成设计是一种使用算法生成设计的方法。数字生成设计的造物观是从内而外的细胞分裂式的生长过程，而不是从外而内的机械式造物过程。生成设计可以从创造形态的角度理解计算视觉设计，与计算视觉设计关系密切，在造型、编码、系统、逻辑等方面保持一致。生成设计是全部或部分使用自主系统进行创作的设计方式。自主系统通常是非人类系统，可以独立产生设计作品的形态特征。有时候作为创造者的人类可能会认为生成系统代表了他们自己的艺术设计理念，而有时候生成系统承担了创造者的角色。此外，生成设计必须与其他术语区分开来，如参数化设计。与参数化设计类比，我们将生成设计定义为更加自主地使用算法进行描述的设计范式。其方法是生成过程开始后，系统执行编码指令，直到满足条件后停止。因此，基于生成设计的方法甚至可以从简单的算法描述中产生复杂的输出结果。多数情况下，算法很难与生成的结果产生直接关联，因此仅仅通过阅读算法很难预测结果。生成设计可以最终生成一个结果，但是由于互动行为的参与，设计师可以捕捉到生成过程中的各个片段，从而生成更多相似且具有连续性的结果。生成设计介于编程和传统艺术之间，将严格、充满逻辑性的过程转化为非逻辑、不可预测的设计表达。数字生成设计师渴望在自然世界的美与人类大脑秩序之间获得平衡，这种生成设计产生的计算视觉之美成为设计师迷恋数字生成设计的另一个主要原因。

图3 Banco Samba椅子, Guto Requena, 2014

Banco Samba家具设计通过选择经典桑巴舞曲中的人声、低音、频率和节奏等参数，从这些信息的混合中实时获得乐曲的数据来生成创建家具。

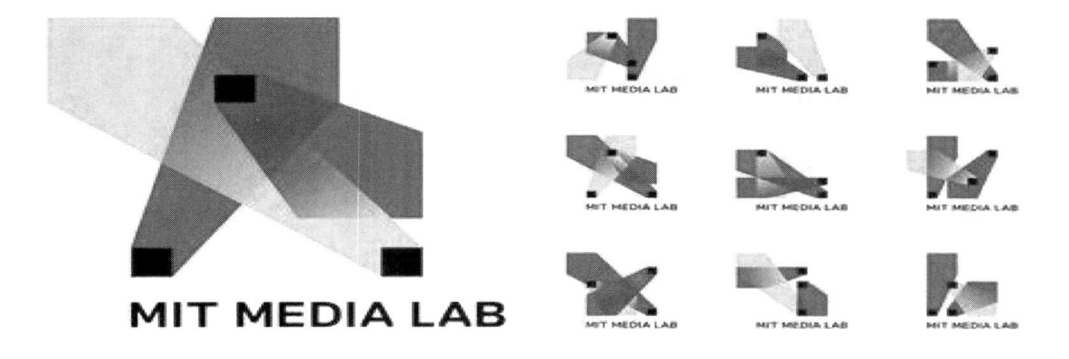

图4 麻省理工媒体实验室识别系统, TheGreenEyl & E Roon Kang, 2011

2010年，麻省理工学院媒体实验室为庆祝成立25周年更新了他们的标识系统，该标识系统通过12种颜色组合生成了40，000个Logo，Logo基于正方形网格（4×4正方形），其中三种形状的每一种都可以按照一定的美学规则在网格内移动。

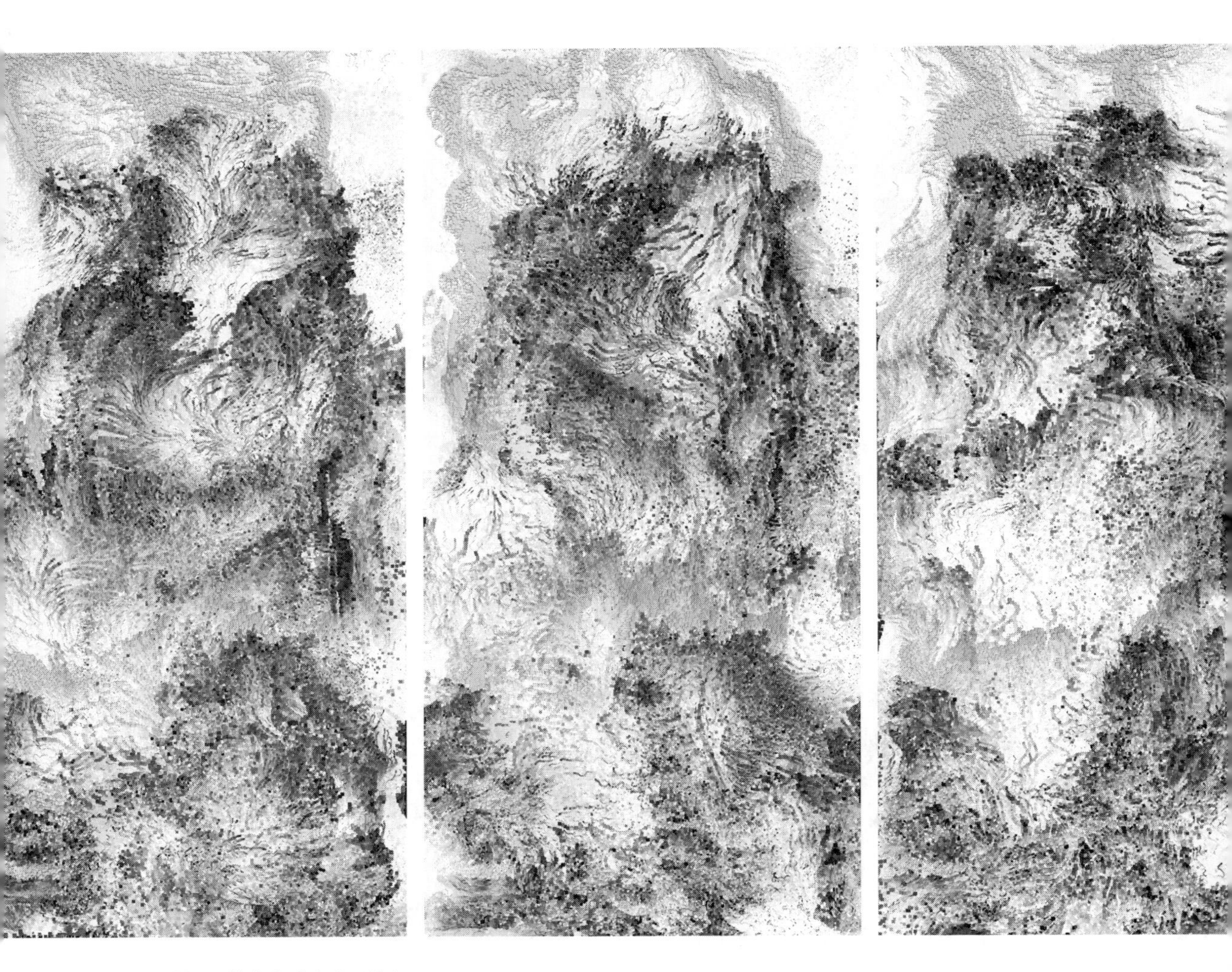

图5 数字生成山水，魏东，2021

以宋代范宽的《溪山行旅图》为蓝本，通过计算机代码进行计算再设计，体现出强烈的计算视觉审美特征，让观众重新发现今天数字化中国山水对人类的精神价值。

算法设计
Algorithmic Design

算法设计是一种使用算法来生成模型的设计范式，是生成设计的一个子集，其特点是算法与其结果之间存在可识别的相关性，从而减少意外结果。在强调编码操作和算法的同时，算法设计在某种程度上削弱了人的创造性，突出了计算机的计算特征。参数化设计、生成设计和算法设计并非完全孤立，而是彼此交叠的。生成设计包括算法设计，而参数化设计与生成设计和算法设计都有重叠。不同于手工设计方法，算法设计可以对高度复杂的几何图形建模，借助参数化设计理念，设计师可以通过修改参数快速生成更多可能的结果。在算法设计中编程必不可少，需要设计师开发自己的软件工具。

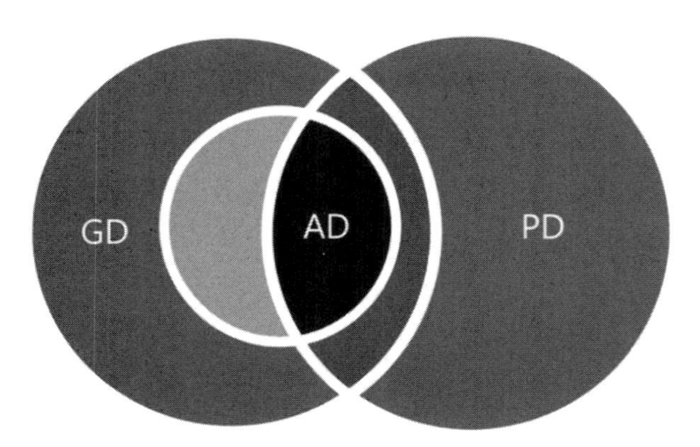

GD：生成设计 AD：算法设计 PD：参数化设计

图6 计算设计范式下术语外延的概念表征[①]

---

① CAETANO I, SANTOS L, LEITAO A. Computational design in architecture: defining parametric, generative, and algorithmic design[J]. Frontiers of architectural research, 2020 (9): 287-300.

数字设计 Digital Design

从发展的角度来看，数字设计的概念主要分为两种：一种是将原来在图纸上进行设计的过程转变为数字信息，以数字媒体作为呈现结果。这一过程被称为数字化设计，类似于早期的计算机辅助设计或数字辅助设计。这一过程有手动参与，结果是数字表达的形式，其本质是对传统设计过程的数字化模拟。

另一种是把开发产品的最初构想通过使用计算机辅助设计来完成的过程。20世纪90年代，随着计算机技术与设计领域的深度融合，数字设计实践和理论同时取得发展。伴随着设计方法论的新趋势、新方法和新技术产生的新形态，数字设计对重复或“标准化”生产的必要性提出了质疑。面对规范、静止和类型化的特征，数字设计提出了离散、多样性、差异化和动态演化等替代方案。因为数字设计具有一套新颖而独特的设计方法，因此是一种改变传统媒体定义和概念的设计。[①]或者说数字设计最明显的特征是强调新媒体对设计过程和设计思维的影响。[②]数字设计和计算设计最明显的区别是数字设计主要依托于计算机辅助设计（CAD），而不是直接使用计算进行开发设计。

设计计算 Design Computing

设计计算是一个广义的概念，在这个概念里，设计计算与计算设计具有同样的作用。设计计算和其他相关术语如设计和计算、计算设计，都是指通过在计算中应用和发展新的思想和技术，对设计活动进行研究和实践。“设计计算”这一术语的最早提出者之一是澳大利亚悉尼大学设计计算和认知中心（the Key Centre of Design Computing and Cognition），该中心在近50年的时间里开创了设计与计算技术的研究、教学和普及工作。

在教育领域，设计计算学士学位（BDesComp）于2003年在悉尼大学设立，相关课

---

① OXMAN R.Theory and design in the first digital age [J].Design studies，2006，27(3)：229-265.

② OXMAN R，LIU T. Cognitive and computational models in digital design: a workshop of DCC04 [C] //First International Conference on Cognition and Computation in Design.USA，2004.

程一直是交互设计和创意技术学科的领先课程。在这里，设计计算被定义为使用和开发设计过程和数字媒体的计算模型，通过辅助设计和（或）自动化设计，产生更好、更新颖的设计形式。

设计计算通常被认为是计算机程序应用的一个子集，可以帮助设计者记录和分析复杂的设计。作为开发计算机应用程序的众多应用领域之一，设计计算依赖软件开发人员和供应商所提供的相关软件，用来支持设计活动的某些方面。设计计算作为一个研究领域，不仅可以开发出新的计算机程序，而且能够更好地理解设计和使用计算机辅助设计。[①]设计计算研究现在已经达到一个成熟水平，不仅仅是开发软件，还成为设计科学的一个子学科。

计算设计与设计计算关系密切，但也有区别。从广义的角度和功能来说，两者关联紧密：计算设计最早与计算机辅助建筑设计（CAAD）和对设计计算的理解密切相关，都是指通过处理计算信息进行设计。[②] 此外，二者所涉及的研究领域也有很多重合。但在设计方法、理论和应用程序方面二者存在较大差异，例如在某些领域两者的侧重点不同，术语“计算设计”通常是指在设计思维的背景下创建新的计算工具和方法，[③]而“设计计算”却关注将计算机和设计两个学科衔接起来以构建一种新的计算工具和方法，从而改变对设计的理解。[④]另外，在学科划分上，设计计算可以作为设计学科的子学科，而计算设计在这一问题上有待商榷。

人工智能
Artificial Intelligence

雪莉·耶茨（Sherry Yates）等人将人工智能分为两种不同的定义：第一种定义是把人工智能作为计算机科学的一个分支，用于模拟计算机中的智能行为；第二种定义是指机器模仿人类行为的能力。而计算机科学将人工智能研究定义为对“智能代理”（intelligent agent）的研究：可以感知环境，并能够使用最大限度地成功实现其目标行动的任何设备。卡普兰·安德烈亚斯（Kaplan Andreas）和迈克尔·海恩莱因（Michael

① 约翰·S. 杰罗（John S. Gero）和马里·卢·马赫（Mary Lou Maher）（2014）总结道：基于经验的设计计算研究看起来像是实验认知科学研究，基于公理的设计计算研究看起来像数学/逻辑研究，基于猜想的设计计算研究看起来像是理论工程研究。

② SOLTANI S, GUIMARÃES G, LIAO P, et al.Computational design sustainability: a conceptual framework for built environment research［C］//38th Conference on Education and Research in Computer Aided Architectural Design in Europe. Berlin: eCAADe, 2020.

③ DENNING P J. Computational design［J］.Ubiquity, 2017（2）: 1-9.

④ GERO J S, SEAN H.Design computing and cognition’ 14［M］. Berlin: Springer, 2015.

Haenlein）对人工智能做出了更加详尽的定义："人工智能系统可以正确解释外部数据，从外部数据中学习并利用这些数据学习，具有通过灵活的适应性实现特定目标和任务的能力。"[①]弗兰肯菲尔德·杰克（Frankenfield Jake）对人工智能的定义延伸了耶茨的第二种解释，他认为人工智能是指在机器中模拟人类智能，通过编程，这些机器会像人类一样思考并模仿人类的行为。这一术语也可用在任何表现出与人类思维相关特征的机器上，如学习和解决问题能力。另外，人工智能的研究主要集中在图像、文本和语音的应用上，促进了自动驾驶汽车、语音识别算法和推荐系统的突破性发展。[②]人工智能还可以通过自动化流程、数据分析获取洞察力以及与客户和员工互动这三点来满足企业需求。[③]

人工智能的演进是一个曲折的过程。20世纪50年代中期，计算机技术的发展激发起人们对探索制造人工智能机器人的热情。尽管最初创造人工智能的问题很快得到了解决，但是直到20世纪70年代，人工智能仍进展缓慢，资金匮乏，大的项目越来越少。然而，人工智能的发展并没有停滞，在机器人开发、视频游戏等领域仍然有进展。

1956年，美国数学家约翰·麦卡锡（John McCarthy）等人在达特茅斯学院的一个研讨会上提出了"人工智能"的概念，即"使用人脑作为机器逻辑模型"。20世纪50年代，研究人员确立了该领域现代发展的基本原理，并在随后的几十年中取得了发展。人工智能在发展中经历了多个起落，有快速发展和乐观时期，也有挫折和悲观的低谷期。如今人们在谈论人工智能的时候，通常指的是机器学习（即研究通过数据进行自我改进的算法，并不是一个新的研究领域），尤其是

---

① KAPLAN A, HAENLEIN M. Siri, Siri, in my hand: who' s the fairest in the land? On the interpretations, illustrations, and implications of artificial intelligence [J].Business horizons, 2019 (62): 15–25.

② AS I, PAL S, BASU P.Artificial intelligence in architecture: generating conceptual design via deep learning [J].International journal of architectural computing, 2018, 16 (4): 306–327.

③ DAUGHERTY P R, WILSON H J.Human + machine: reimagining work in the age of AI [M].Boston, MA: Harvard Business Review Press, 2018.

指人工神经网络[1]，这是今天驱动人工智能获取商业利益以实现机器学习的特殊技术。这类人工智能算法的灵感来源于大脑组织的运行方式，它模拟一个"神经元"网络，在彼此之间传递信号，并通过调整每组配对之间连接的权重对特定刺激的反应进行"学习"。但是直到今天，这些人工神经网络的工作方式与人脑的工作方式以及它们表现出真正的智能行为与现实之间仍然存在着相当大的差距。2016年3月，AlphaGo在围棋上击败李世石，人工智能迎来新的发展高峰，让原属于专业领域的人工智能几乎成为所有学科的热点。人们关于人工智能的种种哲学预想和对人类社会的道德批判成为热点话题。事实上，人工智能作为一种人类的完美目标还有很长的路要走，但作为计算设计师来说必须对其给予关注。

早期的计算设计就已经深入影响人工智能、控制论和数学等多个领域，从人工智能诞生的第一天起，人们就希望计算机充满创意灵感。艺术设计蕴含着人类创造力，是一种需要智慧的人类活动，而人工智能艺术的创造力被称为"计算创造力"。从技术上来讲，一些观点认为某些较老的"人工智能"技术已经成为计算设计师工具箱里的标准工具，如计算设计中的"遗传算法""细胞自动机"等方法都属于人工智能指数范畴。在艺术领域，最著名的作品要数哈罗德·科恩（Harold Cohen）的AARON了。通过编写程序，AARON可以进行自动绘画，自1973年开始，随着其软件不断更新，逐渐从只有黑白轮廓发展到可以绘制观众在植物中舞蹈的彩色场景。

哈罗德·科恩持续开发程序，不断将AARON从一个绘画机器发展成为一个功能强大且复杂的基于规则的系统。20世纪90年代，科恩用绘画机器取代了绘图机，其典型的绘制题材是"想象"的人物肖像以及静物。2002年，他放弃了绘画机器，转而使用宽幅面打印机完成作品。到了2005年年底，基于规则的设计系统让作品变得难以控制，于是他用了一种算法取代它，从那时起AARON就一直在使用这种

---

① 一个流行的说法认为："在它的大部分历史中，大多数计算机科学家认为它（神经网络）是不光彩的，甚至是神秘的。"在这段历史的早期人们就认识到，20世纪50年代和60年代提出的神经网络受到当时可用的相对最小的处理能力的限制。20世纪90年代和21世纪头十年，计算能力的持续增长以及大数据集的积累，对恢复神经网络的发展起到了重要作用，并在更广泛的人工智能领域激发了重大投资。专注于提高机器从图像和视频中提取理解能力的计算机视觉领域提供了这方面的一个代表性例子。

算法。在科恩生命的最后几年，他不能够站在画布前画画，于是安装了一个系统，把自己变成了一个使用数码手指画画的艺术家。该系统由一个巨大的触摸屏和一台有普通大屏幕的电脑组成，AARON在大触摸屏上使用生成算法生成的黑色自由手绘曲线。原来的艺术家在普通屏幕上只可以选择一种颜色，而现在在触摸屏上移动手指就可以绘制出所选的颜色。

图7 AARON, Harold Cohen, 1985

AARON是有史以来最著名的人工智能艺术程序之一。AARON的最初作品严格采用黑色，由配备黑色毡笔的定制机器绘图设备实时制作。

图8 AARON Generated, Harold Cohen, 2004

AARON从孩童般的涂鸦，到依稀可辨别的人物线条画，再到后期创作的色彩鲜艳、受植物启发的作品，科恩在每一步都为AARON增加了新的知识库，增加了更多规则和形式，包括日常物品、植物甚至人。

约翰·梅达认为，计算设计师应该了解人工智能方面的知识，以推进设计过程。从设计的创造性来看，设计是一种充满智慧的人类活动，它的计算研究应该属于人工智能范畴。由于创造力是一种智能活动，因此基于人工智能的创造力研究通常被称为“计算创造力”。在视觉设计领域，人工智能仍处于不断发展中。

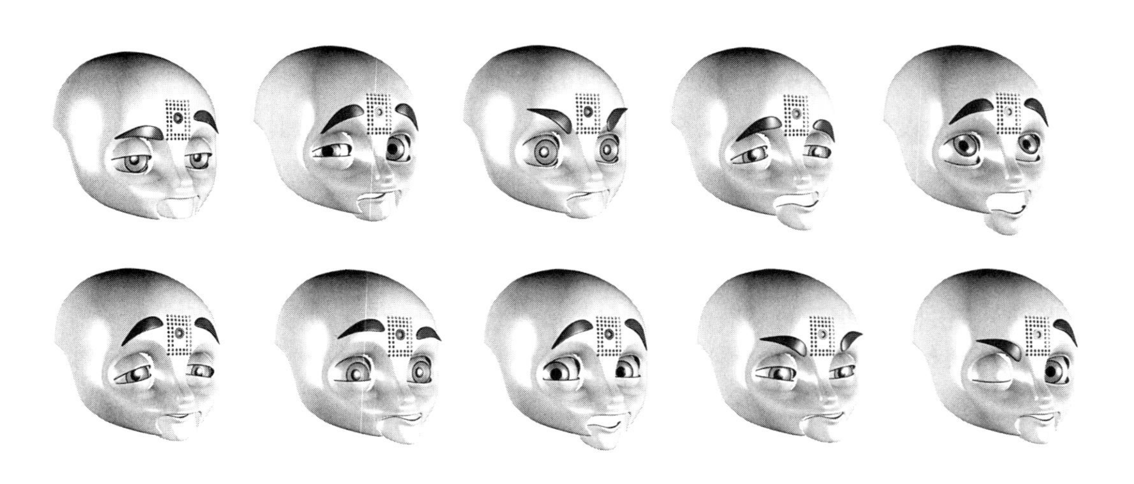

图9 Nexi, MIT, 2008

Nexi旨在通过面部动作，如倾斜的眉毛和头部动作来传达人类的情感。Nexi头部可以像人一样移动，模仿人类的头部姿势，如点头、摇晃。Nexi头部连接在一个底座上，可以让机器人实现自我平衡。

包容性设计
Inclusive Design

约翰·梅达多次提到了包容性设计，并将计算设计与包容性设计看作技术领域最有价值的设计，将计算设计看作促进经济增长的核心驱动力，认为工作中的包容性文化对于渴望在设计领域取得领先地位的科技公司来说至关重要。梅达认为设计和包容密不可分，每个设计决策都涉及用户，包容性设计强调了解用户多样性对决策的重要性，这样的设计才能够吸引更多人。由于技术已经普及，因此设计需要更多不同背景的人相互合作，在商业意义和社会意义上采用包容性设计策略，通过包容性设计扩大潜在市场。

另外，包容性设计与通用设计（Universal Design）和无障碍设计（Accessibility Design）密切相关，但三者各有侧重。[①]包容性设计是一种设计过程，针对具有特殊需求的特殊用户优化产品、服务或环境。用户通常是终端用户，包容性设计使他们能够使用产品，同时还能涵盖许多具有相似需求的用户。英国标准协会（British Standards Institute）将包容性设计定义为：设计尽可能多的人可以访问和使用的主流产品和服务……不需要特殊的改变或专门的设计。包容性设计并不意味着总是能够（或适当地）设计一种产品来满足所有人的需求，相反，其一直寻求如何针对人群多样性进行适当设计的方法：①开发一系列产品和衍生产品，尽可能顾及更多人；②确保每个单独的产品都有明确的目标用户；③在各种情况下，降低人们使用每种产品所需的能力，提升广大客户的用户体验。包容性设计的核心是一种创建产品和服务的方法，这些产品和服务会覆盖尽可能多的人群。包容性设计的思维方式越来越受到微软等大型互联网公司的认可。微软认为包容性设计是一种方法，它源于数字环境，可以利用人类多样性特征。微软已经将设计思维扩展到认知问题、偏好学习风格和社会偏见等领域。为了避免人工智能带来的偏见，可以从一开始就将其建立在包容性设计中。创造具有包容性特征的人工智能，最关键的一步是发现偏见以及了解其如何影响产品系统。[②]这样，产品的创

---

① 包容性设计和通用设计的目标都是使产品、服务或环境更具包容性，这意味着其可以被更广泛的人们（轻松）使用。通用设计通常更侧重于可以由尽可能多的人使用的单个解决方案，而包容性设计则涉及针对特定个人或用例进行设计，并将其扩展到其他人；而无障碍是包容性设计的一部分，但它没有考虑到包容性设计所涉及的许多领域（文化、身份、不同观点）或涉及工作流程和计划的考虑因素。无障碍的重点是针对残疾人（无论是在数字空间还是在物理空间）或其他直接妨碍访问体验的访问区域。

② 关于微软Microsoft对于人工智能的偏见的不同分类，可查看网站报告。

造者就可以及早发现问题和预测未来，让设计团队清楚地看到系统可能出现错误的地方，并在创造过程中做出更好的决策。从包容性设计与人工智能之间的关系来看，包容性设计一开始就被纳入了数字时代的设计与技术开发中。

计算设计利用计算的力量来分析和解决设计问题，对商业来说，包容性设计不仅可以帮助进行产品决策，为设计提供新视角，开发更加广阔的潜在人群，也可以成为推进技术发展的动力，二者结合让新兴技术和设计实践具有包容性特征。正如约翰·梅达在谈到建构网站的免费软件WordPress时所说，现在有数百万用户在使用它，而计算设计是让它为更多的人提供解决方案。

第二节 计算与设计

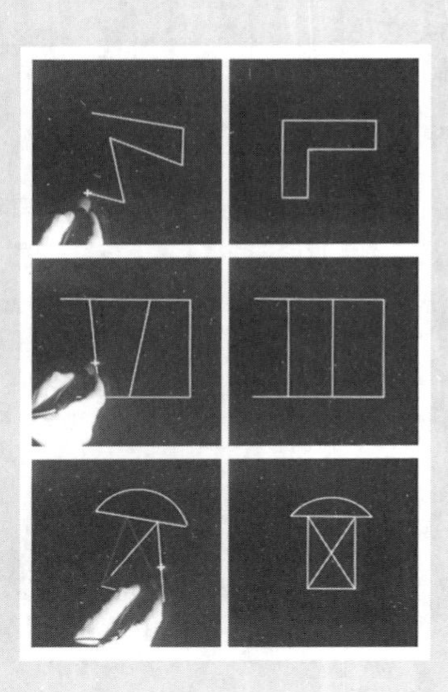

图10 Sketchpad Computer, Ivan Sutherland, 1963

伊凡·苏泽兰开发的sketchpad系统是CAD软件的早期雏形，拓展了计算机图形学领域。操作者可以将光笔作为输入设备，在屏幕上直接绘制几何图像，并通过旋钮将不精确的线条缩放或调整成为完美的直线、弧形和圆形。

现代计算机的发明使计算与设计的结合成为可能。随着计算机和设计的融合不断深入，20世纪90年代末，“计算设计”作为研究主题或关键词首先出现在文学中。但是，实际上20世纪60年代受现代主义思想和技术发展的影响，这一说法就已经出现。计算设计最早与计算机辅助建筑设计和设计计算密切相关，指的是处理计算信息以实现设计。[①]早期计算机辅助设计被认为是计算设计。1963年，第一个计算机辅助设计系统SKETCHPAD问世，这是伊凡·苏泽兰（Ivan Sutherland）在麻省理工学院的博士论文成果，是设计计算的技术发展，被广泛认为是计算机图形学和CAD的发展转折点。但是，苏泽兰认为他的计算机图形应用程序不仅仅是绘图的辅助工具。在BIM（Building Information Modeling）普及之前的半个多世纪，苏泽兰一直在讨论机器组织和处理信息的能力，其关于设计变化、控制和参数化的想法也影响了建筑理论向计算设计的转变。在计算机辅助设计普及的最初几年里，他宣称计算机将把设计师从烦琐的、定量的设计任务中解放出来，使他们能够将精力投入设计过程中真正具有创造性的部分。

1964年，包豪斯创始人瓦尔特·格罗皮乌斯（Walter Gropius）提倡必须智能地使用

① SOLTANI S, GUIMARÃES G, LIAO P, et al.Computational design sustainability: a conceptual framework for built environment research[C]//38th Conference on Education and Research in Computer Aided Architectural Design in Europe.Berlin: eCAADe, 2020.

计算工具“作为高级机械控制手段”，为“创造性的设计过程提供更大的自由”。这种观点的基础是将设计过程划分为一系列“客观的”定量任务和一些直观的、定性的创造过程。在此基础上，计算机扮演一个专门为设计师服务的辅助角色，在执行数据测量和计算方面比它的人类主人更有效率。[①]1964年，美国建筑师克里斯托弗·亚历山大（Christopher Alexander）在一篇关于计算机和设计的文章中提道，为了让计算机真正用于设计，重要的设计问题应该以一种能够被机器输入和处理的方式提出来。20世纪80年代，随着第一批计算机辅助设计软件的普及以及建筑信息建模工具（BIM）的商业化，计算设计已经成为建筑领域一个公认的概念。到了20世纪90年代，计算设计已经发展成为一个成熟的领域，拥有自己的会议和期刊。近年来，基于计算的技术，如建筑模拟、进化优化和新颖的制造方法的发展，关于“计算设计”又出现了许多新的设计方法和术语。[②]

计算设计不等于计算机辅助设计。计算设计使用一种算法或一组指令来获得某种设计解决方案或输出，本质上是自动化或建立一个经过所有这些步骤的算法。使用计算机辅助设计时，设计师可以使用鼠标来拾取两个点并在它们之间画一条线——这是一个手动的过程，而在计算设计中，设计师会设置一种算法来生成那些点以及两点间的线条，这些线条会自动生成图形。设计师使用诸如Sketch、Rhino和3D Studio之类的绘图工具来实现他们的想法时，软件可以帮助其将作品从抽象的想法转变为具体形式，得到的结果是由设计师的思维决定的。而计算设计是由计算机驱动的，设计师必须设定计算指令实现输出，而不是直接绘制线条和形状。计算设计是设计表达方式从几何到逻辑的转变。如果人们能够用计算机可以理解的方式（即作为算法）描述设计想法，那么计算机可以在设计过程中发挥更大的作用。它不仅可以成为数据的接收者，还可以成为数据的生成者，能够根据设计师设置的规则创建设计形式。这种转变标志着计算设计与在传统设计中简单地使用计算机不同。正如迈克尔·基尔凯利（Michael Kilkelly）在ArchDaily上对计算设计的描述：计算设计是计算策略在设计过程中的应用。设计人员传统上依靠直觉和经验来解决设计问题，而计算设计旨在通过使用计算机语言对设计决策进行编码来强化解决问题的过程，目的不是一定要最终结果，而是要创建实现最终结果所需的步骤。

---

① VARDOULI T.Computer of a thousand faces: anthropomorphizations of the computer in design（1965–1975）[M]. DOSYA [FOLDER]: Hesaplamali Tasarim, 2012

② CAETANO I, SANTOS L, LEITAO A M.Computational design in architecture: defining parametric, generative, and algorithmic design [J].Frontiers of architectural research, 2020(9): 287–300.

Adobe系列是设计师常用的软件，其中一些命令是把日常设计工具变成计算机可操作的符号和界面。软件中的一些设计不仅仅来自对日常对象的符号模拟，还包括对设计师设计行为的类比和借鉴。例如，Indesign中的“文本区域”就是基于印刷规律的设计版本。除了把类比对象转化为计算机化的参数化对象，还有一些来源于数字世界。例如，软件Flash、After Effect的“影片剪辑”功能提供了一种完全新颖的方式，通过这种方式我们可以利用模块化结构随着时间的推移理解组成部分——与面向对象编程很像。另外，软件中的一些函数源于数学概念，像平面设计软件illustrator中的“渐变”和“混合”，可以快速计算差值，让设计师有效地生成各种图形和色彩。平面设计师熟悉这些函数之后，复杂的变化会被认为是一种简单的规则设定。还有使用数字工具，包括使用函数中的参数这样的基本操作来自动重复一系列行为，如Photoshop里的“批处理”，或者把单个行为变为整体行为，如软件Lightroom中的“同步”。这些功能可以让设计师把形式和他们的动作作为参数组合，这一设计过程不仅仅意味着图形对象的操作，还意味着如何组合，也就是设计师的思考过程。计算机辅助设计工具有助于改变设计师的从业形式，让设计变成一个充满逻辑的过程。

虽然计算机软件是计算辅助设计工具，但它们也是用计算的方法来建构自己的逻辑模型、语言和系统，因为计算本质上是系统的，是用代码书写的。另外，只有深入代码本身，设计师才会通过查找、定义参数来超越现有软件应用工具和效果所设立的边界，而越来越多的平面设计软件也开始嵌入编程开发界面为设计师提供更大的创作自由。

第三节 什么是计算视觉设计

2016年，美国最大的全国设计师协会——美国平面设计协会（AIGA）与谷歌共同发起的一项调查表明，设计的未来正朝着数字化和交互性设计转变。更多的在线资源让设计师自学变得更加便捷。与传统设计相比，计算设计更强调商业思维。编程已经不是计算设计领域唯一的技能，计算设计师在实践中所需要的三大技能分别是数据、商业和领导力，而这些未必能在学习设计基础教育课程时接触到。

长久以来，设计师和程序员似乎是在两条平行轨道上同向疾驰的人，但是，“计算”确实能让二者产生交集。具有计算机相关专业背景的人不断探索计算机为平面设计带来的种种可能性，包括设计工具、设计方法、设计思想等；而平面设计师早期一直使用手工进行设计，计算机的出现与发展让设计师借助设计软件大大提高了工作效率，并以计算思维的方式进行设计尝试。随着编程素养的提升，越来越多的设计师可以深入软件背后的代码，一个人可以既是设计师又是计算机程序员。尽管设计师和程序员之间仍然存在一定的鸿沟，但是，二者相互协作、深度融合正在发生。计算视觉设计正是在计算机科学快速发展的背景下逐渐成熟的。计算视觉设计不脱离传统平面设计的本质，同时具有计算机艺术的数字生成特征，给平面设计带来了工具、设计过程、视觉审美等方面的新变化。尽管目前针对平面设计领域的计算视觉设计并没有一个明确的概念，但是今天计算方法正在深刻影响当代平面设计，一些设计师通过自己书写代码开发计算机程序在平面设计实践方面积累了丰富的经验，体现出当前和未来平面设计中计算方法的有效性和最大可能性。

目前，在视觉设计和计算设计之间的交叉内容最多的是生成设计，因此本书阐述有关计算视觉设计的论述很多来自生成设计在平面设计领域中的内容。

》什么是计算？

在互联网档案馆（web.archive.org）网站[①]中，“Computation”（计算）被定义为三种释义：① 计算的行为或过程；一种计算的方法；②计算的结果，计算的数量；③操作计算机的行为。首先，这三种释义表明“计算”并不都与计算机存在有关，它也包含着古罗马算术计数和计算的实践，与非数值计算同时进行。由此可知，“计算”并非计算机技术发展引入的新词语，其本身容纳着独有的行为与方法。从词源来看，“计算”一词具有古老的含义，源自拉丁语“computare”，com的意思是“一起/和”（with），putare的意思是解决、清理或清算（settle，clear up，reckon），所以“computare”的意思是“合在一起解决问题”或“清算（某事）”。在关于词源的哲学含义上，“计算”一词原本的含义与我们现代的“符号操纵”概念紧密相关。

塞博里·亚力内·西尼斯（Şebnem Yalinay Çinici，2012）认为，由于我们习惯采用现代科学技术的方法来理解世界，所以我们倾向于分类思维，[②]常通过其数值和数学内涵来理解“计算”一词。西尼斯在追溯“计算”的词源分析时，在“计算”的几个潜在含义和设计行为之间建立起深刻的联系，他认为计算与设计师的思考认知方式交织在一起，通过开发技术来推进设计，将生产和制造作为设计过程的一部分。计算与先进的工具设备一起让设计变得比以往任何时候都更加充满智慧。

理论生物物理学家康拉德·汉森（Konrad Hinsen，2015）认为常用的词典对“计算”的定义非常不精确，无论是牛津词典把“计算”作为“数学计算的行为”或“计算机的研究对象”，还是韦氏词典认为“计算”是“计算的行为或行动”。尽管这两个词典都提到了“计算”，但都没有为该词提供准确有用的定义。汉森认为这些词典对“计算”的模糊定义源于一直以来关于什么是计算以及它与数学之间关系的困惑。直到20世纪初，形式逻辑和数学形式主义的发展才出现了对“计算”的精确定义，为自动计算机的发展铺平了道路。[③]汉森认为计算是根据精确的规则对符号序列进行转换，需要完善的是“精确的规则”，必须精确地表达这些规则，以便机器可以明确地应用它们。另外，

---

① http://www.answers.com/topic/computation Archive.org 是一个互联网资料馆网站，提供互联网上的图像、视频、音频等资料。web.archive.org 最为大众所熟知，从这里可以查询到网站的历史页面存档，有助于了解域名历史、网站历史等。

② 例如数学（mathematics）一词，我们的思维习惯会使我们指向它与数字和运算之间的关系，但这个词的原意是学习和教学同时进行的状态。

③ HINSEN K.Computation in science［M］.Morgan & Claypool publishers，2015.

"计算"随着新的科学学科特别是计算机科学的出现而被重新使用。在设计领域，"计算"一词在建筑设计中一直表现得很活跃，对于视觉传达设计领域，在数字时代之前的手绘时代，平面设计中的比例、网格、模型都需要计算，在使用所见即所得的计算机辅助设计软件时，虽然我们很容易忘记其中包含的计算，但是计算已经体现在这些设计辅助软件里，正在成为视觉设计的另一种未来。

计算机的"计算"离不开计算机编码。早在20世纪40年代，计算机编码计算就被用于军事行动当中，正如西蒙·派珀特（Seymour Papert）所说，世界处于战争状态之中，复杂的计算必须在时间紧迫的压力下完成，这是数学家们很少遇到的情形：数字计算与武器设计、使用联系在一起，在获得情报之前，需要使用逻辑来破解越来越复杂的密码……那时候不可能有让计算机方便用户的想法。

从那时起，有关计算机编程的一些看法连同其他因素一起成为软件与艺术相结合的障碍。由于使用目的不同，一直以来并没有适合艺术家和设计师使用的计算机语言。近年来，一些针对艺术家和设计师的编程环境被开发出来，由于其开源特征和广泛的网络社区讨论，越来越被设计师和艺术家所接受。自21世纪开始，计算被广泛应用于商业和与我们日常生活相关的设计中，计算设计作为一种普适性的设计方法，除了对建筑设计、产品设计、平面设计领域产生影响外，还延伸出新的设计领域，为设计带来了深刻的变化和更多独特的可能。

与计算相关的概念一直贯穿于平面设计史中，特别是在近现代设计流派中体现得更加充分，比如比例、数理关系、网格、系统等概念。这一历史过程可以分为三个阶段：数理关系阶段、网格系统阶段和计算设计阶段。这三个阶段并没有明确区分，在时间和人物上也会有重合。

计算视觉设计的历史发展来自两条脉络的交汇，一条脉络以艺术设计各流派和代表艺术家、设计师的作品和观点为主线，另一条脉络则来自计算机科学在艺术设计领域的探索和发展，主要以程序员和计算机专家为主，并逐渐发展成一股新的艺术表现方式。尽管二者的发展脉络独立而清晰，但总有些领域交汇融合，特别是在计算机科学逐渐普及的今天，视觉设计与计算机科学的融合更加深入，跨领域团队协同合作和具有计算机科学和艺术设计专业背景的复合型设计师成为建立计算视觉设计学科的重要因素。

艺术设计与计算

程序理论和美学元素以及作为一种方法的算法思维可以追溯到早期的现代艺术流派，如结构主义（Constructivism）和风格派（De Stijl），后来演变为欧普艺术、几何抽象主义等。所有这些艺术流派都建立在抽象形式基础上，并直接将视觉元素体现在功能性视觉设计上。创造这些元素的主要方法是执行一套预先组织好的规则。如今，这些视觉抽象元素成了数据，而规则成了算法，计算机已成为艺术设计的重要媒介。不可否认，编程艺术是现代的，但是早期的思想家和设计先驱们所取得的成就为今天计算设计与艺术奠定了基础。在过去的十年里，人们对计算机艺术和编程的兴趣不断增强，有更多的事情要去发现和探索。在技术变化如此迅速的今天，了解计算与艺术的历史渊源是非常必要的。

计算与人的大脑密切相关，无论是直接利用大脑进行计算还是使用其他辅助物理工具（如尺、笔）进行计算，人的参与是其重要特征。相对于人类自由表达艺术而言，人类还希望在数学中探索一个人造世界，从人类最早对数字的抽象概念的理解，到在人造物中引入数学，一方面是创造与大自然对立、试图解脱自然的人造世界，另一方面是创造与自然同属一个数字世界的人造数理世界。从现代设计的发端到今天，数字理性特征在设计流派中不断发展，尽管当时计算机已经出现并开始被应用到各个领域，但是设计师并不具备掌握计算机代码的能力，因此都是依靠手工操作来实现充满计算特征的视觉设计。与此同时，另一类人——计算机程序员不断深入研究计算机代码，探索计算机为艺术设计带来的种种可能性，逐渐发展出新的艺术形式和创作媒介。

1.几何抽象艺术的数理表现

人类的艺术创作一直包含着数理因素，如古希腊时期黄金分割比被应用到雅典帕特农神庙设计中。设计师将计算的概念整合到艺术设计实践中，是基于一种模块化和规则化系统方法论的结构，这种结构系统贯穿视觉设计的历史。

索尔·勒维特（Sol LeWitt）是系列艺术（Serial Art）的代表艺术家，他专注于视觉艺术背后的系统。系列艺术运动可以追溯到20世纪30年代，但在20世纪60年代才进入公众视线。尽管当时计算机还不是艺术家的创作工具，但系列艺术家作品的核心是通过算法创作艺术概念。对于勒维特来说，许多作品的构思是一系列指令，而不是最终的结果。勒维特认为:“系统是艺术的结晶,视觉艺术作品就是这个系统的证明。” 这可以从他用这些简单算法绘制的彩色壁画中了解到,他采用的方法与正在进行的算法革命之间具有相似之处。

图11　《墙画#869》, Sol LeWitt, 2017

美国艺术家索尔·勒维特的作品体现了机械式网格特征。在一个方形顶部画一条黑色弯曲的水平线,不同人来到墙壁旁,大致依照第一条线的形状,把第二条线绘制在第一条线的下方。继续重复绘制,但不能使用与上面的线相同的颜色,不能使用黑色,直到墙底部,墙画中呈现出黑色、红色、黄色和蓝色的线条。

⑦
1. AB BC CD DA AE BF CG ×①
2. AB BC CD DA AE BF EF ×③
3. AB BC CD DA AE BF FG ×⑥
4. AB BC CD DA AE BF HE ×⑦
5. AB BC CD DA AE CG EF ×④
6. AB BC CD DA AE CG FG ×⑤
7. AB BC CD DA AE EF FG ㉒
8. AB BC CD DA AE EF HE ×⑳
9. AB BC CD DA BF EF HE ×㉑
10. AB BC CD AE BF CG DH ×②
11. AB BC CD AE BF CG GH ×⑭
12. AB BC CD AE BF CG HE ×⑩

VARIATIONS OF INCOMPLETE OPEN CUBES

图12　《墙画#1115》，Sol LeWitt，2004

索尔·勒维特自己创建算法，然后让助手执行。他首先自己在纸上画出所有的组合，为作品制定简单的规则。然后，这些规则将被转译成雕塑或绘画作品，转译过程主要由助手完成。勒维特之所以重要，不仅因为他的作品中具有独特的图形特征，还因为这些作品建立在计算机最擅长执行的算法过程之上。

19世纪二三十年代，苏联构成主义、荷兰风格派以及德国包豪斯设计学院的艺术家和设计师们尝试彻底抛弃从具象形态中提取造型因素，试图发现非再现自然形象的几何抽象形态的造型能力。这一阶段仍然主要采用感觉性、自由性、均衡性的方法，探索纯粹的抽象几何形态艺术。风格派艺术家蒙德里安（Mondrian）和杜斯伯格（Doesburg）在他们的抽象画作中大量引入网格，蒙德里安解释他之所以采用垂直和水平线条、几何图形和基本色相是要表达其对宇宙万象的精神理解。包豪斯教员约瑟夫·阿尔伯斯（Josef Albers）采用简单几何形，主张通过体验获得洞察力。在教学中，他使用数学介入艺术，帮助学生清楚地表达如何看待和理解空间与数字之间的关系，扩展对几何概念的理解，如平行线、等角、矩形、棱柱和三角形。1923年，弗里茨·施莱默（Fritz Schleifer）在为包豪斯展览所设计的《包豪斯展览》海报上，依循构成主义观念，把包豪斯校方专用章上的人侧面轮廓和字体抽象为机械时代的简单几何形，这些不同宽度的矩形体现出了一定的数学比例关系。

图13 *Homage to the Squre*, Josef Albers, 1959

约瑟夫·阿尔伯斯将几何风格作为探索空间和色彩的理想媒介。他使用相同的格式和相似的几何形状来体验颜色变化，在该系列中，他向正方形致敬，研究如何让不透明颜色呈现半透明效果。

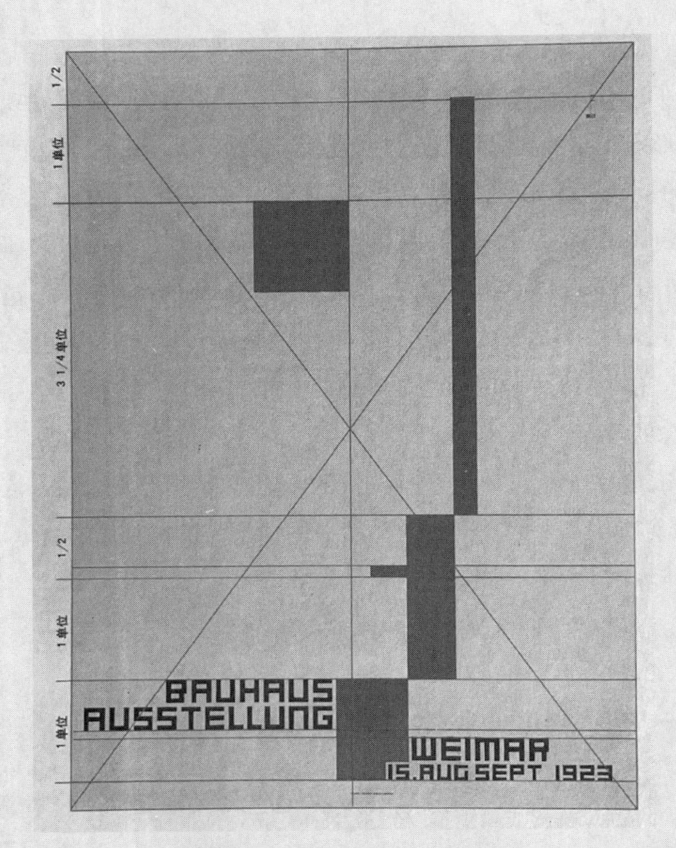

图14 《包豪斯展览》海报，Fritz Schleifer，1923

1931年，抽象艺术家协会（Abstraction-création）在法国成立，推动了几何造型艺术的发展。1936年，这类艺术被命名为“具体艺术”（the Concrete Art）。这个群体的艺术家认为“基于平衡构造的美感与数学美感意识一脉相通”“数理成为艺术的重要元素和骨架”。他们应用数理规则和法则，形成一种思维方式和创作观念，让侧重于感性的几何抽象艺术演变为数理表现形式。具体艺术的艺术家们借助数理结构和逻辑程序，创作新的构成形式。

事实上，人类艺术创作历史进程中一直包含着数理和计算，人们在大自然中汲取灵感，将自然界生物体蕴含的数学比例关系与设计创造相结合。设计师通过设计工具把数理计算应用到设计实践中，把理性的数学比例关系应用到设计中，以获得美的形式。尽管包豪斯教育强调系统性和秩序，但是真正将数理结构导入设计造型方法中应该是从马克斯·比尔（Max Bill）和理查德·保罗·洛斯（Richard Paul Lohse）开始的。

瑞士设计师马克斯·比尔出生于20世纪初，他既是画家、建筑师，也是平面设计师和雕塑家，是具体艺术运动的主要推动者之一。他提出了新的设计思维方式，重视设计的一致性和统一性。在其撰写的《当代艺术中的数学方法》(The Mathematical Approach in Contemporary Art)一文中，他认为“创造一种主要基于数学思维的艺术是可能的”。瑞士艺术家理查德·保罗·洛斯接受了荷兰风格派和俄国至上主义艺术家马列维奇的创作理念，利用级数、系统和变调的方法设计组织形态和色彩并无限扩展，他的作品成了逻辑思维创作的典范。

图15　数理构成作品，Max Bill，1938

马克斯·比尔认为，“数学规律是艺术的一种有效帮助，只有通过数学规律，艺术家纯粹的心理世界才能获得恰当的形式外衣”。这幅作品依据数理关系绘制而成，体现出艺术与数学之间的关系。

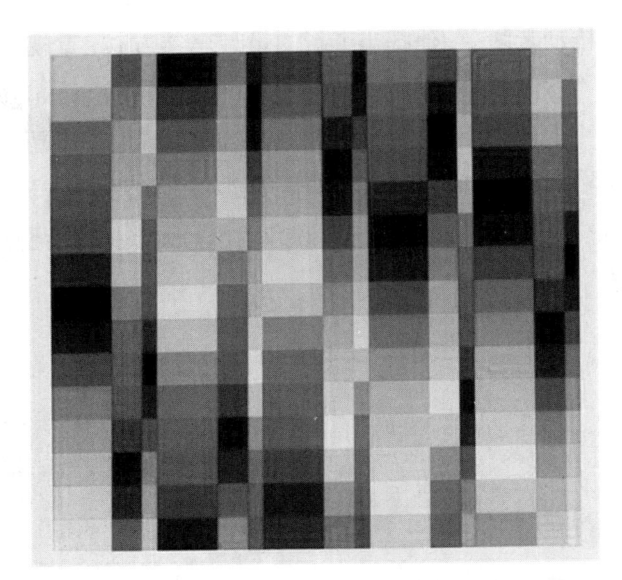

图16　色彩系列，Richard Paul Lohse，1955

理查德·保罗·洛斯被视为20世纪建构主义（constructivism）艺术的奠基人之一，其作品以模块化和系列化为特征。这幅作品水平方向有15个色彩系列，其中有5个色彩变化的节奏相同。

2.设计程序与现代网格设计

在计算机被应用到设计领域之前，已经有设计师用程序和计算的方式对网格设计、字体设计进行了设计探索，计算视觉设计的创造方法及视觉形式正在使用传统工具的基础上出现萌芽。卡尔·格斯特纳（Karl Gerstner）在其著作《设计程序》（*Design Programmes*）中将设计定义为“挑选准确的要素并加以组合”。格斯特纳在这本书中介绍了他的设计方法，提出了一个在计算机时代早期的设计模型。他提出了一个由设计师定义的一系列规则或系统，这一系列规则或系统赋予作品美学特征，将其意义定义为“创造性的安排”。他运用预先确定的参数系统，例如网格、几何原理等来实现他的设计过程，认为设计师需要找到问题的解决方案，理解并描述问题，然后通过一套“理性标准”（intellectual criteria）解决问题。“理性标准”是一种“组件”和“系统”，也可以被看作一组“参数”，避免通过直觉做出的“创造性决定”。这套标准采用了一套系统的规则或参数，格斯特纳称之为“程序”，他所构思的程序与今天计算机时代的设计相比几乎没有太大的出入。另一位设计师亨利·凯·亨里恩（Henri Kay Henrion）与数学家艾伦·帕金（Alan Parkin）进行合作，将企业视觉设计领域定义为系统设计。1967年，他们一起撰写了《设计合作与企业形象》（*Design Coordination and Corporate Image*）一书，这是第一批探索在设计过程中使用系统化设计方法的书籍之一。帕金将数学思维带入设计过程，让亨里恩能够为60年代成长起来的新跨国公司承担大量合作设计项目。晚年的亨里恩科学地预见了计算机给设计过程带来的潜力。

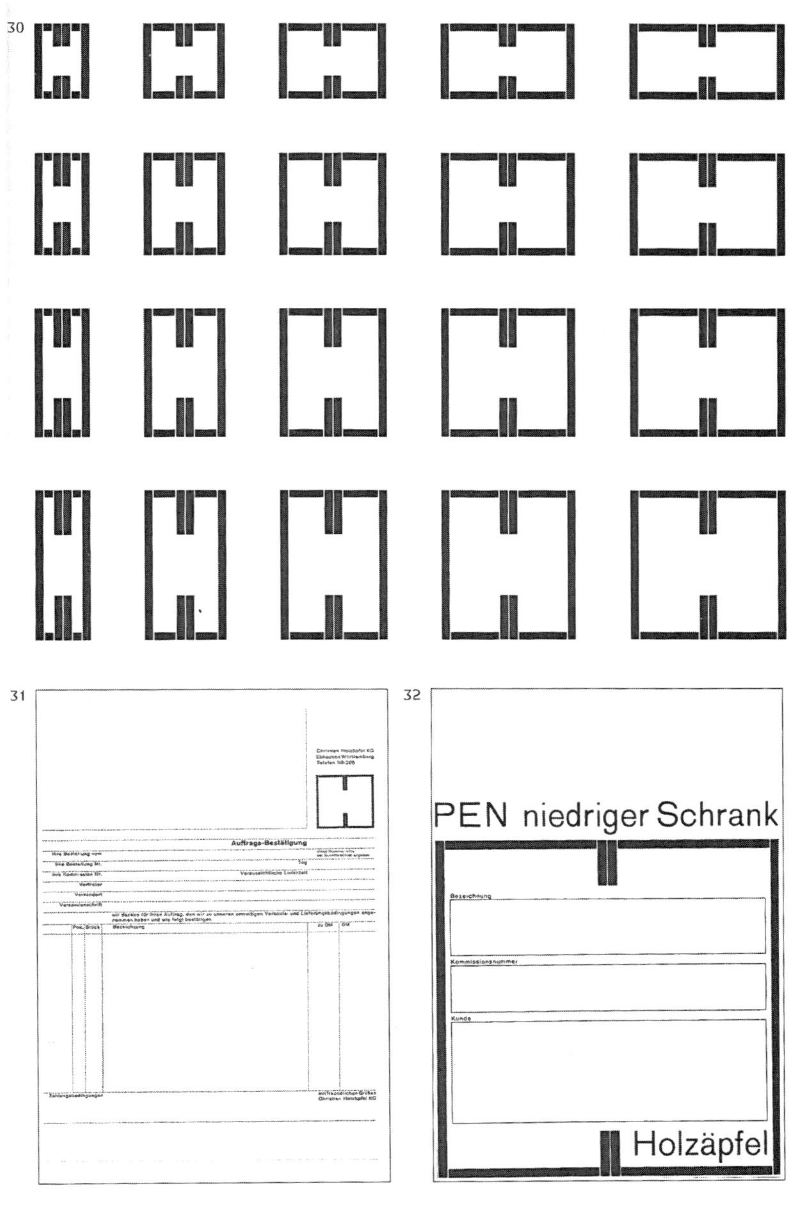

图17 《设计程序》中的案件，Karl Gerstner，1964

卡尔·格斯特纳通常依赖可以重复使用的规则来生成多个设计版本。从这个意义上说，格斯特纳的工作几乎就是算法。他的许多设计原理可以直接用到软件算法中，他的作品具有系列艺术（serial art）概念，可以被看作计算艺术的早期实验。

图18 海报设计, Theo Ballmer, 1928

红色和黑色的文字与精确的负形，背后有非常严谨的数学计算，所以作品看起来工整、有秩序和理性。模块化、黑色和红色之间的强烈对比，以及非常内聚的风格，形成了突出的视觉冲击力。

在版式设计领域，瑞士设计师西奥·巴尔莫（Theo Ballmer）首先使用的简洁的网格结构使其具有较强的功能主义，他的字体设计显得更精致、更优美，他是最早采用完全的、绝对的数学方式从事平面设计构造的设计家之一。与巴尔莫相比，马克斯·比尔更重视设计的一致性和统一性，并找到了明确的设计方向，通过数学构成、单纯的视觉元素绝对有序地组织起来。

另外一个代表性人物是朱丽安·施罗弗（Jurriaan Schrofer）。设计历史学家弗雷德里克·胡伊根（Frederike Huygen）曾将施罗弗称为“计算机之前的计算设计师”，将施罗弗的工作描述为“研究感知、视觉效果和透视错觉，让字体、图案和意义相互作用”。这一评价的缘由可以从施罗弗的作品和工作方法中看出来，他对平面、字母/体和符号的空间性进行了实验，提前于后来计算机能为视觉设计提供的种种可能性。他的许多字体设计预测了当前的数字字体结构，通过对光、格式塔理论和装饰的考虑，探索字母图案的视觉可能性以及二维和三维之间的关系。在排版过程中，他强调重复、共振、枚举、平行，比如重复一个字母、增加字体粗度。他通过手工绘制的字体看起来和使用计算机绘制的字体一样，形成了具有装饰性构造的字母表。

施罗弗为Mouton出版社设计的系列作品被认为是他的代表作品。这些封面充满了实验性，让人想起了埃舍尔（Escher）等人的作品，这为施罗弗提供了设计上的灵感。这种设计方法使施罗弗设计出许多精美的字体，这些字体都是特制的，因为它们很少包含大写字母或完整的字符集，它们只是为了完成他最初设计它们的任务而存在的。施罗弗的设计过程使用了大量的图纸进行探索，使用绘图纸、钢笔和荧光笔以及类似英国公司拉图雷塞（Letraset）的转印纸，帮助他简化这种复杂的创作。施罗弗在其整个职业生涯中反复分析设计概念，他认为设计是关于“预先制定计划方案、设计策略、意图、并通过第一个草图实现整体想法”，“自己定义的设计与艺术不同……我不相信自称艺术家的设计师”。

图19 系列书籍封面，Jurriaan Schrofer, 1970/1976

朱丽安·施罗弗对光学、格式塔理论和装饰控制论及计算机艺术新思维进行了思考，从他的作品中可以看到现在数字化设计的影子。他重视空间效果，探索字符和图案的视觉可能性，以及二维空间和三维空间之间的关系。

美国设计师阿普里尔·格雷曼（April Greiman）被认为是将计算机技术引入平面设计的第一人。在格雷曼之前，计算机一直被看作处理数据的专用工具。但是在格雷曼之后，整个平面设计行业都开始使用计算机，并且一直延续至今。

穆里尔·库珀（Muriel Cooper）是另一位在平面设计中采用计算机技术的先驱。她在设计中打破了二维平面，探索网络中的三维空间视觉效果。库珀对其他设计师产生了重要影响，在教学和研究过程中，她希望计算机可以展示更清晰、更吸引人和更简单的图像，这将有助于界面的设计和改进。尼葛洛庞帝认为“穆里尔·库珀的影响可以被概括为超越视窗，这将被视为界面设计的转折点，她用宇宙空间的概念打破了层层重叠的不透明矩形视窗”。库珀预言了我们与界面之间的关系，以及我们希望界面的视觉呈现和设计预期之间的关系。

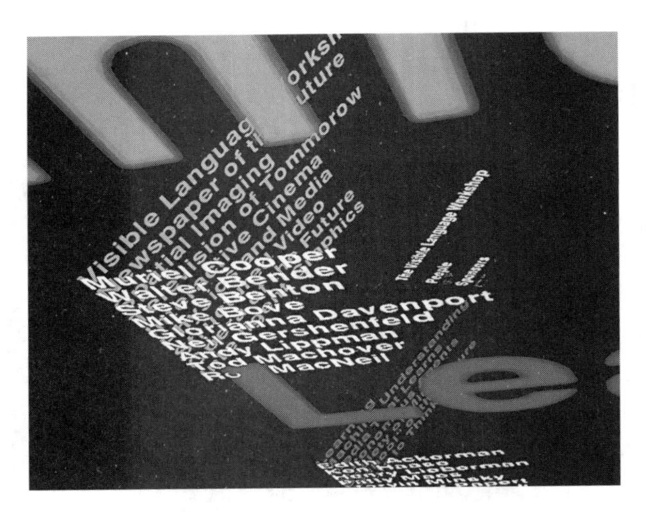

图20　动态设计，Muriel Cooper，1994

穆里尔·库珀的动态设计，将时间转化为空间。她认为设计师的工作是创造动态环境，可用的信息可以在其中流动，而不是独特的静态设计作品。

现代网格设计原理与计算密切相关，荷兰设计师维姆·克劳威尔（Wim Crouwel ）基于现代主义原则，使用清晰而系统的设计方法和以网格为基础的方法论进行设计。他认为机器可以为设计师节省时间，同时他也相信“机器无法取代人的眼睛和人感觉的精确性”。他的作品在情感和理性表达方面取得了平衡。瑞士设计风格深深影响了克劳威尔，清晰的结构和网格成为他的关键视觉语言。在他的一些试验性字体设计中，模块化和严谨的无衬线字形成了他的代表性风格。系统化的网格设计让克劳威尔成为在版式设计领域中探索计算方法的代表人物。今天，模块化的网格系统在屏幕设计中获得了广泛的应用。

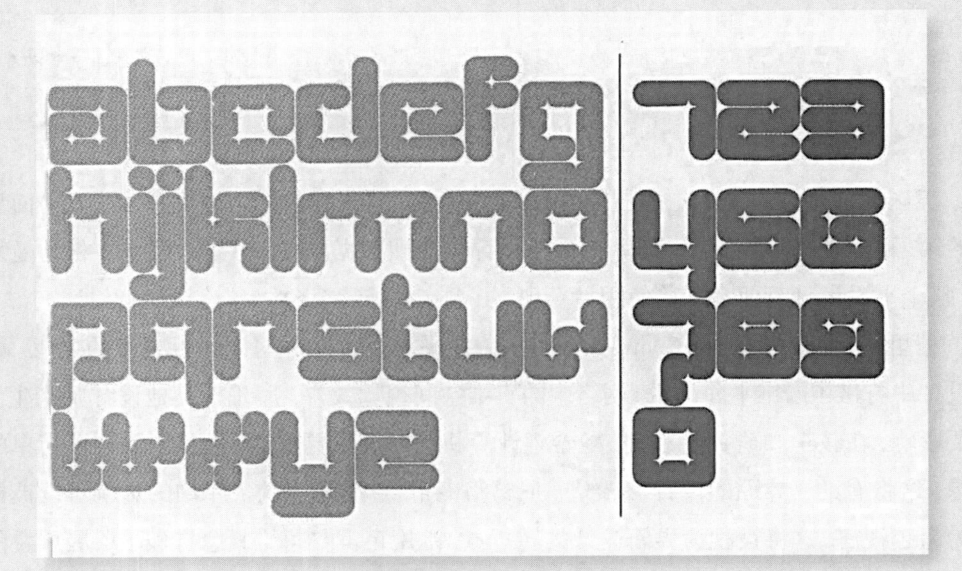

图21　奥尔登堡字母，Wim Crouwel，1970/1977

维姆·克劳威尔为1970年在Stedelijk博物馆举办的奥尔登堡作品展设计了展览目录和海报，根据他的美学原则制作了奥尔登堡字母。

图22 TenPoint, Wim Crouwel, 2015

TenPoint是一个模块化的字体系统，由一个固定的几何网格内的单个单元重复构成。克劳威尔试图将排版对象定位在其作为语言载体的最低极限，并对其视觉安排进行编码。

》计算机艺术

计算机在艺术领域有着丰富的发展历史，早在20世纪60年代初就出现了具有开创性的艺术作品，并在70年代的算法热潮中迅速发展，“艺术家程序员”（artist programmer）的概念随之兴起。然而，在计算机艺术发展早期，艺术家只是使用编程的一个边缘用户群。计算机艺术（Computer art）主要被掌握在那些有机会接触到计算机这种稀有技术的人，即少数幸运的工程师和数学家手中。然而，这种状况很快就发生了改变。

那时候计算机没有界面，通常都使用编程，绘图仪是可视化图像的主要实现工具。编程如何成为一种技能，在艺术史中这段相对较短的时期内并没有文献资料作出详细阐述。这里我们梳理出一些关键人物、事件和艺术流派，作为这段计算艺术发展简史中的关键点。

图23　“控制论的偶然发现”展览，Jasia Reichardt主策展人，1968

“控制论的偶然发现”展览被评价为具有“预言性”的重量级展览，因为该展览成功打破了艺术与所谓的“创造性应用科学”之间的界限，将艺术、数学、工程学和建筑学相结合。这是一次划时代的计算机艺术展，是“控制论艺术”的一次集中呈现。

1.“控制论的偶然发现”(Cybernetic Serendipity)和“趋势4”(Tendencies 4)

弗里德·纳克(Frieder Nake)是数学家、计算机科学家和计算机艺术的先驱。国际上最广为人知的是他对最早的计算机艺术表现形式的贡献，1965年2月这一新的计算领域展览在斯图加特首次公开亮相，这个名为“计算图形”(Computer-Grafik)的展览展出了乔治·尼斯(Georg Nees)的作品。这个展览在艺术史上相当质朴却又具有重要意义，之后其他展览也接踵而至，值得注意的是在纽约的霍华德·怀斯画廊(Howard Wise Gallery)的一场艺术家迈克尔·诺尔(A.Michael Noll)和贝拉·朱尔斯(Béla Julesz)的展览，这是计算机艺术首次出现在美国艺术画廊。然而直到1968年，有两件大事向公众介绍了这一新兴的计算机艺术媒介，成为计算机艺术史上的标志性事件，它们分别是“控制论的偶然发现”展览和“趋势4”展览。

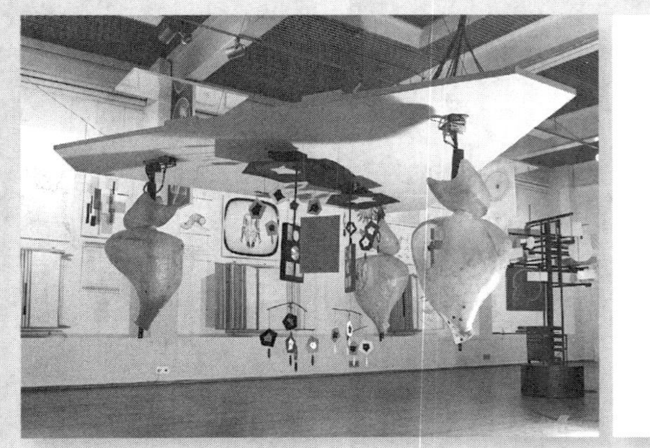

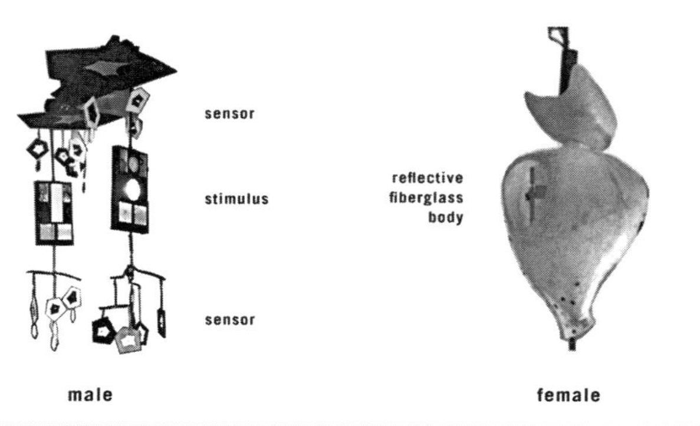

图24 《运动的对话》(“控制论的偶然发现”展品)，Gordon Pask，1968

该装置挂在天花板上，看上去有点儿零散。其中有三个有机形状和一个旋转的玻璃纤维体，还有两串零碎的移动部件连接在一个旋转的长方形元件上。戈登·帕斯克(Gordon Pask)将两串零碎部件称为“男性”，将玻璃纤维体称作“女性”。男性部件中安装了发光器和感光元件，光线发出后照射到女性部件就会被反射回来，然后被感光元件感受到。每个部件都可以记住光线传播轨迹，表现出了记忆能力。观展者可以尝试干扰光源，改变部件的活动状态并参与到作品的运行中。

1968年8月2日至10月20日，“控制论的偶然发现”展览在伦敦当代艺术中心（ICA）举行，汇集了从装置艺术到视频、音乐创作、机器人和计算机生成艺术等多个领域的艺术家和科学家。这个展览极具开创性，挑战了许多长期以来对视觉艺术的固有态度，特别是在建制派内部。1969年，“倾向4”展览在克罗地亚萨格勒布举行。新倾向艺术运动（The New Tendencies，1961—1973）一共组织了五个国际展览，“倾向4”是其中的一部分。他们组织了欧洲研讨会、展览和研究活动，对计算机艺术产生了深远的影响。这两个事件激发了人们对电脑的兴趣，也标志着艺术家思维方式的转变，艺术作品和艺术家的天赋似乎正在衰退，艺术家们正越来越多地在程序的框架和逻辑内工作，逐渐从客观对象转向过程。

图25 “倾向4”展览，Zagreb组织者，1969

“倾向4”展览力求综合20世纪60年代和70年代不同形式的艺术，致力于动态视觉研究。它倡导一种新的艺术概念，对表象、结构和物体的视觉研究进行实验，为艺术、自然科学和工程领域的思想和经验交流建立了一个独特的平台。

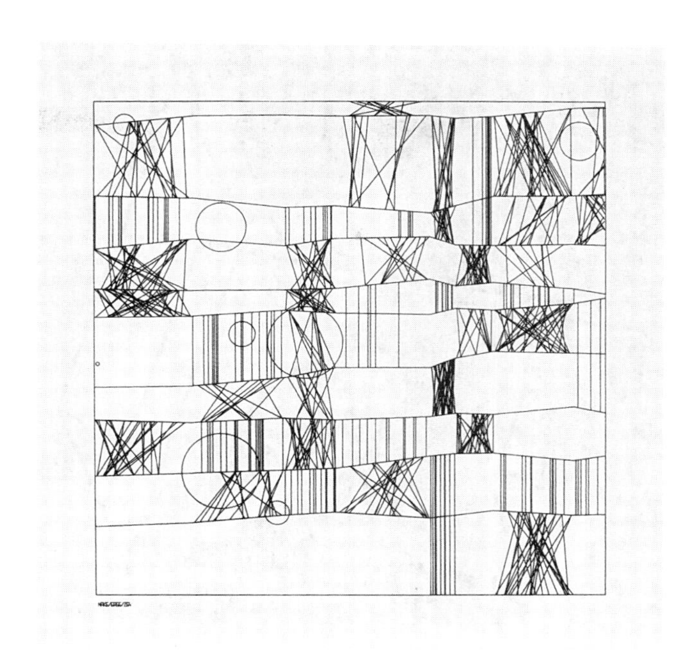

图26 《向保罗·克利致敬》（“倾向4”展品），Frieder Nake，1965

这幅作品可以被称为数字艺术运动开创时代的标志。弗里德·纳克对克利绘画中垂直和水平元素之间的关系非常感兴趣，他设定了计算机和笔式绘图仪绘制的参数，例如绘图的整体方形形式，随后故意将随机变量写入程序，让计算机根据概率自行做出选择。

2.计算机艺术家

在这段时间里，德国哲学家马克斯·本斯（Max Bense）是一位非常重要的人物，他与贾西娅·雷夏特（Jasia Reichardt）一起担任策展人，一定程度上推动了“控制论的偶然发现”展览，对这种新的艺术方法进行了宣传。本斯在信息论和符号学的基础上发表了大量数字生成美学理论著作。曼弗雷德·莫尔（Manfred Mohr）是一位数字艺术的先驱，在20世纪60年代接触本斯的“数字生成”之后，其艺术思想发生了根本性的变化。他认为“数字生成”这个词可以明确表示媒介方法，可以产生多种不同输出系统的概念。之后，莫尔的艺术风格从抽象表现主义转到计算生成的算法几何形。他于1969年编写了自己的第一个计算机绘图程序，并于1971年在巴黎举办了第一个大型个人画展。从展览的作品中可以看出他第一次尝试了作为艺术家程序员（artist-programmer）的想法。

图27 空间颜色，Manfred Mohr，1999

曼弗雷德·莫尔利用算法探索了六维超立方体的几何本质，随机选择一些结构的“对角线路径”，并将它们投影到二维平面上。艺术家将所谓的“对角线路径”定义为超立方体不同对角线的两个端点之间的连接，由于这种复杂结构有32条对角线，因此有720条不同的“对角线路径”。该算法随机设置颜色，根据选择的“对角线路径”，可以生成许多不同的图片。

另一位重要人物是匈牙利艺术家维拉·莫尔纳（Vera Molnar），她被视为计算机艺术和生成艺术的先驱，也是最早在艺术实践中使用计算机的女性之一。1968年，莫尔纳第一次在索邦大学研究实验室接触到计算机，并自学了早期的编程语言Fortran，这使她能够将无穷无尽的算法变化输入机器。她将指令输入计算机，然后将其输出到绘图仪，绘图仪用可移动的笔绘制线条图。她的早期作品——“机器想象”（la machine imaginaire）是计算机艺术的一个很好的例子。永远处于实验状态的莫尔纳通过阐述机器想象的概念，为基于美学原理的算法艺术作品奠定了基础。她定义了机器概念，该机器根据给定规则和程序进行工作并生成艺术作品。然而，与所有创作过程一样，艺术创作的决定权在艺术家手中，因此艺术家与算法的设置都是创作的一部分。她以串行方式发明一种程序并可以手动执行，就好像她是一个机器。之后，她继续用计算机探索这些早期的程序视觉语法。从她的作品中可以看出艺术家把理解算法思维作为创作过程的一部分，在创作过程中，艺术家可以使用计算机也可以不使用计算机，计算机并不是必需的工具。

图28 《寻找保罗·克利》, Vera Molnar, 1970

维拉·莫尔纳探索了瑞士艺术家保罗·克利的作品，克利经常使用几何形式和网格格式组合，以网格的形式表达风景，使其融入彩色的和谐中。莫尔纳在有限的方格空间中，使许多线条组合、排列。

莫尔纳认为“正方形、三角形、线条”已将她的生活填满，看完她的作品，你一定会深深地感受到她对这些几何元素的执着。甚至在老年时候，莫尔纳仍然保持着惊人的创作活力。在一次采访中，她直言：在我这个年纪，唯一真正给我带来快乐和让我的生活充满快乐的事情就是工作。我一直都这样做，在我的厨房里和我喝早茶的桌子上有一些画着图画的小纸片，我有纸和铅笔……2022年4月，莫尔纳推出了第一个也是唯一一个NFT作品《“2%的合作混乱”》。

马克斯·本斯是德国哲学家、学者和诗人，其研究背景包括哲学、数学、地质学和物理学，后来涉足信息论、符号学和控制论。20世纪五六十年代，他在西德和国际上具有巨大的影响力。他与亚伯拉罕·莫尔斯（Abraham A.Moles）被并称为信息美学的两位创始人，但是，莫尔斯的方法稍有不同。1965年2月5日，在第一次全球算法艺术展览（当时被称为“计算机艺术”）上，他创造了“生成美学”一词。本斯在信息美学方面的工作让他与数字艺术之间建立起联系。20世纪50年代在西德，本斯还开展了关于符号学的讲座和研讨会，让学生们了解查尔斯·桑德斯·皮尔斯的符号学观点。

尽管早在20世纪50年代就已经开始从事信息美学研究，但在20世纪60年代本斯出版的关于美术、文学和音乐作品的美学方法才在欧洲引起更大的兴趣。他在美学和艺术中引入了“编程”这一术语，因此“趋势4”展览的组织者宣称本斯的信息美学是“使用计算机进行视觉研究的理论基础”也就不足为奇了。

本斯最重要的贡献是他关于信息美学的论著。他反对基于情感的价值判断，认为任何人工制品都是可以进行美学分析和数学评估的对象。审美对象是一个复杂的符号，在交流过程中发挥作用。瑞士具体艺术家马克斯·比尔对本斯产生了重要影响，他在《美学II——美学信息》的序言中明确提出“现代美学”的灵感来自马克斯·比尔，比尔在德国乌尔姆设计学院担任校长时，曾聘请马克斯·本斯教授信息设计课程，对战后设计和艺术发展产生了重要影响。

1965年2月，本斯在他的“美学学术讨论会”上展出了乔治·尼斯的作品，并在布赫拉丹和加莱里·尼德里奇的展览上展出了弗里德·纳克的作品，对计算机艺术（算法艺术）产生了巨大的影响。这是计算机艺术史上的第一场展览，并引出了计算机艺术“控制论的偶然发现”（1968年8月至10月）展览。

乔治·尼斯是世界上第一位公开展示计算机艺术（算法艺术）的人，他在斯图加特大学的个展可能是第一个在程序控制下利用数字计算机运行算法而产生的绘画。这些绘画以编码的形式出现在穿孔纸带上，据说由Zuse Graphomat Z64绘图机最终生成。这种自动绘图机在美国被称为平板绘图仪。该展览于1965年2月4日星期四开幕，并于1965年2月5日至19日展出。在这个展览中，有史以来最早的计算机艺术出版物之一出现在印刷品中。本斯为其撰写了一篇短文，尼斯用德语写了简短的笔记，非常简洁地描述了附图背后的算法。这些文本是以伪代码的形式呈现出来的。

乔治·尼斯是一位数学家，马克斯·本斯是他的博士生导师，他的博士论文《生成计算机图形》（Generative Computer Grafik）于1969年出版，是第一篇关于计算机艺术的博士论文。在计算机艺术方面，乔治·尼斯对日本的计算机技术集团以及弗里德·纳克等人产生了重大影响。

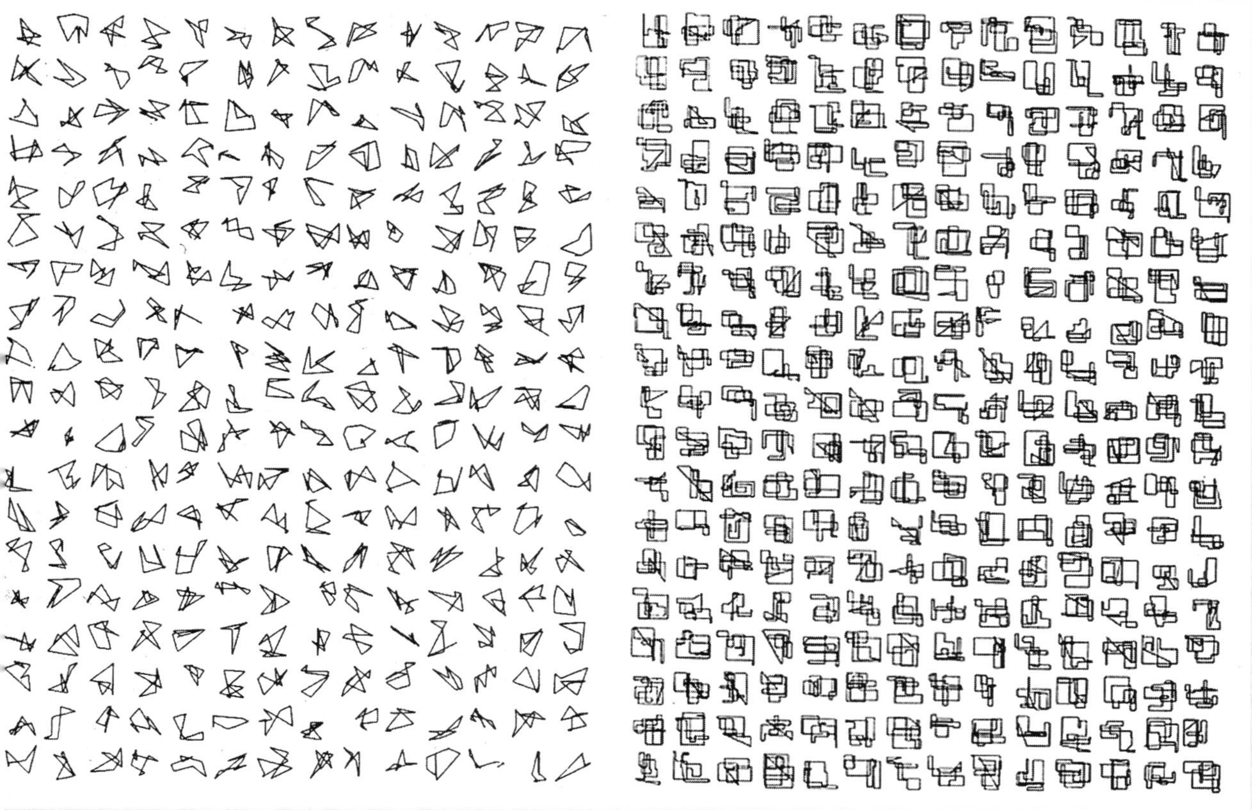

图29 *23-Ecken*, Georg Nees, 1964

乔治·尼斯的作品显现了计算机生成艺术的一个基本原则:变化。画面被分成行列14x19个小正方形,每个正方形里都有一个多边形,每个多边形在水平线和垂直线之间变化。以这种方式选择23个顶点,第一个顶点和最后一个顶点用斜线连接,结果是在秩序和复杂性之间产生了一种令人惊讶的复杂张力。

图30 *Schotter*, Georg Nees, 1968

乔治·尼斯对构图中有序与无序之间的关系感兴趣，他在计算机程序中引入了随机变量，使有序的方格陷入混乱。此作品直观地显示了有序与无序之间的关系以及变化的影响，原始正方形的严格对称性会慢慢消失，因为位置和角度会随着图像的向下移动而变得越来越抖动。

迈克尔·诺尔是将数字计算机应用于视觉艺术的先驱之一，他的计算机艺术作品在世界各地广泛展出。1962年夏天，他创作了自己最早的数字计算机艺术，1965年4月6日至24日，他在纽约市霍华德·怀斯画廊举办了他的计算机艺术首次公开展览。这是美国最早的此类展览，也是第二次在世界范围内举办的展览。

迈克尔·诺尔最早的计算机艺术作品是在1962年夏天偶然创作的，当时暑期实习生埃尔温·伯莱坎（Elwyn Berlekamp）使用缩微胶片绘图仪出现错误，制作了一个他认为在美学上令人愉悦的不寻常的抽象线性设计。诺尔意识到数字计算机可以通过编程来产生这样的作品，于是将数学的有序性与编程的随机性结合起来。他在给贝尔实验室的同事发的一份备忘录中说他在 IBM 7090 上生成了“一系列有趣而新颖的模式”，他称自己的创作是一种“模式”而不是“艺术”。所以他早期的作品都是将数学方程与伪随机性相结合，今天这些被称为计算机编程艺术或算法艺术，但许多直接在计算机屏幕上绘画的艺术作品就是使用这些专门为此目的而设计的程序完成的。

迈克尔·诺尔用电脑模拟蒙德里安的绘画风格，创作了计算机生成经典艺术的实验性作品。20世纪60年代末70年代初，他构建了交互式三维输入设备和显示器以及三维触觉力反馈（“feelie”）设备，使自己成为虚拟现实系统中使用设备的先驱。他的“计算机生成的芭蕾舞”是第一次使用数字计算机在虚拟舞台上制作棒状人物动画。1968和1970年，他利用四维计算机动画方法为电影《不可思议的机器》和一部电视特辑《无法解释的人》创建了片头系列标题，这是最早将计算机动画用于生成标题序列的一个应用尝试。

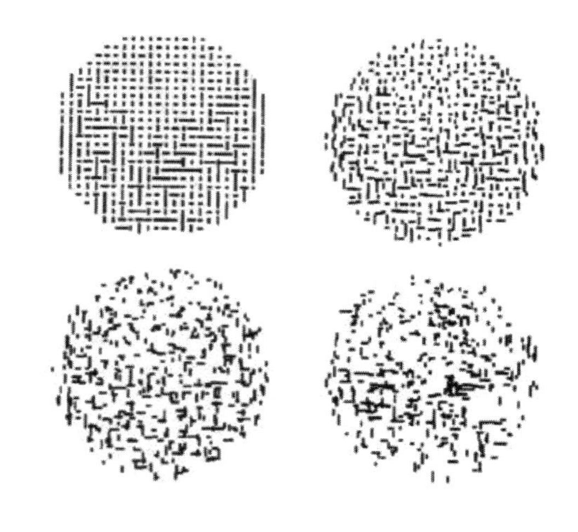

图31 计算机线条组合，A.Michael Noll，1964

这几张图片让人想起蒙德里安现代主义的布面油画*Composition With Lines*（1917）。蒙德里安的画是几何形的，诺尔认为它是电脑创作版本的合适材料，因此用伪随机过程来模拟蒙德里安的这幅画，图像是黑白相间的，有许多不同长度的横条和竖条。

约翰·梅达在艺术领域的开放性观点让计算机作为创作媒介较早介入了艺术设计领域。在设计领域，计算机起初作为计算机辅助设计（CAD）被设计师广泛应用，随着计算机编程在不同教育阶段的普及，掌握计算机编码不再是程序员的专属，设计师针对具体设计开始自己使用代码开发软件。掌握计算机编码是一件非常困难的事情，但是这并不妨碍人们对于计算机在平面设计领域进行实践探索的热情。时任MIT媒体实验室计算审美小组组长的约翰·梅达为设计师直接使用计算机编码设计进行了一系列探索，包括"数字设计"项目、个人作品集*Maeda & Media*等，他的学生本·弗莱（Ben Fry）和卡西·瑞斯（Casey Reas）开发设计的适合艺术家和设计师掌握的编程环境processing，让设计师更容易掌握计算机编码直接进行设计，可以根据设计需要开发自己的软件。自己开发设计软件释放了设计师的创造力，产生了新的视觉审美样式，从而改变了设计思维和设计过程，给传统平面设计带来了新的生机。

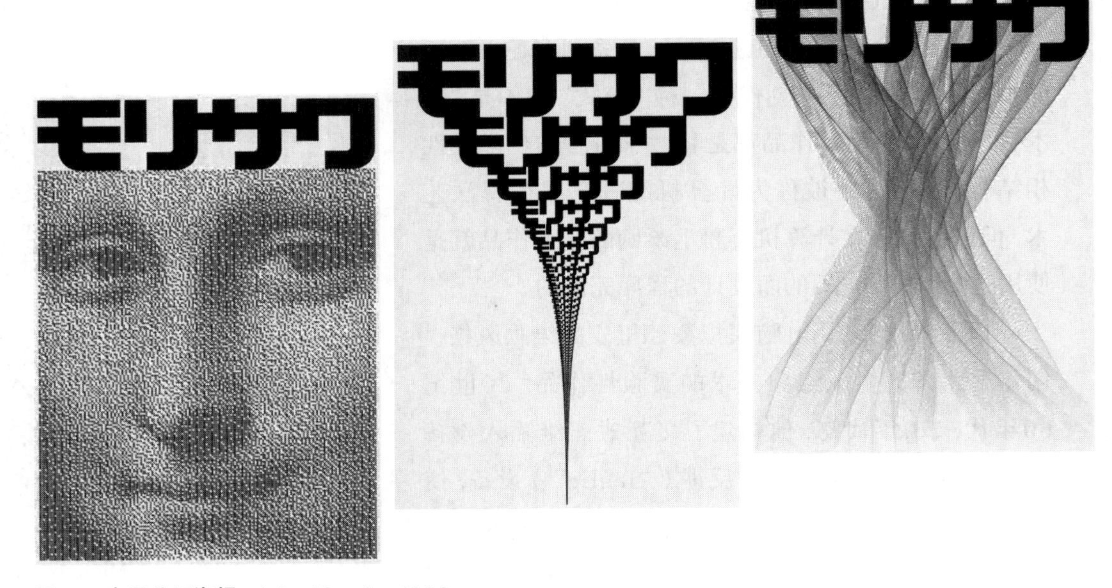

图32　森泽公司海报，John Maeda，1996

这是约翰·梅达设计的森泽公司海报十幅经典系列作品中的三幅，灵感来自日本版画家栋方志功，展示了在计算机上处理字体的特殊方法和审美特征。

第四节 计算设计师

约翰·梅达曾提出三种设计分类：经典设计、设计思维和计算设计。按照这种方式，设计师也可以相应地分为经典设计师（classical designers）、设计思想者（design thinkers）和计算设计师（computational designers）。计算设计师是指那些有创意的人，他们了解计算，批判性地看待科技，能够使用全部三种设计——经典设计、设计思维和计算设计，同时积极学习人工智能与新技术，掌握计算机代码，拥有计算思维，并能够在经典设计和设计思维中汲取人类智慧。

目前，在建筑和视觉可视化领域“计算”被应用得最多。随着计算机深入融入设计，工具自动化或半自动化取代了设计师原来拥有的设计执行技能，甚至赋予了工具智能化特征，传统意义上的设计师角色已经发生改变。可以想象，未来用户可以自己下载软件自动生成设计结果，而不需要设计师。但是设计师仍然存在，只不过在软件开发过程中扮演着重要角色。设计师可以将自己的审美、设计理念作为影响自动生成系统的工具。在传统的设计观念中，设计师会对“计算”存在恐惧感，但是，计算机软件作为一种能够扩展视觉传达设计的工具，设计师需要了解更多有关“计算”的知识。

通过掌握编码，计算设计师可以训练专业素养，了解设计方法中的参数化和迭代的方法。在参数化设计或数字生成设计中，形式在计算模式下由一系列参数和函数所决定。这样，设计师可以更加擅长生成无数变化的结果，同时，设计过程变得更加快速和个性化，因为他们可以一直定制他们的软件，并且可以看出随时间的推移工具是如何执行的。这种方式在设计师和工具之间形成新的循环、互益关系模式，构建持续输入、计算（规则）、输出的整体框架，重新评估工具与设计实践之间的关系。传统设计工具只是简单用来操作，而算法超越了代码本身，存在于概念化和过程中，而不是编程语言中的语法。通常我们会关注计算和设计之间产生的隔阂，然而更需要关注和思考二者之间的过程差异，考虑计算对设计有什么影响，以及如何产生完整的创作思考和设计实践，在设计过程中把每一种编程语言都看作一种与众不同的材料。

计算视觉设计给设计师带来了新的思考方式，设计师需要理解代码和网络深层计算，批判性地思考技术将对人产生什么样的影响。如果设计师自己具备编程能力，那么便掌握了一种强大而又精确的工具。

第二章
计算视觉设计核心要素

第一节 软件

软件是一种独特的媒介，与电影、绘画、摄影等传统媒介不同，具有自身的术语和表现形式。油画、绘画、摄影的相关技术在艺术实践与形式上一直在发生改变，带来了新的艺术表现方式。软件是艺术设计媒介中的一种，通过软件，设计师可以创作动态结构，设计交互形式，模拟自然系统，整合声音、图像、文字等其他媒介，为传统视觉设计带来新的生机。

尽管计算机诞生之初是为了实现更加高速的计算，但今天计算机已经成为一种用于视觉表达的艺术媒介。20世纪70年代早期有人提出了“通用软件素养”（General Software Literacy）这一概念。特德·纳尔逊（Ted Nelson）认为计算机作为一种媒介工具具有潜在的发展前景，并描述了超文本与超图像的概念。Xerox PARC研究所开发了Dynabook个人计算机原型，并编写了一种编程语言，甚至孩子也可以编写故事和绘画程序，这使得计算机用户也可以成为程序员。

随着时间的推移，专业程序员开发的软件程序成为众多设计师和艺术家的首选工具。表层下面的软件发展更加迅速，使我们深层的工作方式更加复杂。然而，这类流行的软件工具对设计师来说既是一种福音，又是一种巨大的阻碍。它一方面从根本上实现了数字媒体生产的民主化，另一方面又让每个人的艺术作品看起来非常相似。艺术家意识到应该自己选择并创造媒介，而不是依赖像Adobe和Macromedia这样的大公司。

几百年来，艺术家需要自己研磨颜料、自己制作画笔，这让艺术家与工艺、材料之间的联系更加紧密。今天的大众通用软件已经削弱设计师与材料之间的联系，代码又重新回到艺术家和设计师的视野。麻省理工学院媒体实验室约翰·梅达教授的美学和计算小组进行过这方面的努力，他的目标是艺术和设计，但媒介是软件。

艺术家和设计师愿意将工具与创意融合在一起，对现存软件工具进行批判，对技术、人和机器进行反思，就像19世纪工艺美术运动倡导者英国设计师威廉·莫里斯（William Morris），他认为接受机器，学习机器的生产方式，打破俗不可耐的程式化的设计，以现代的方式认真设计，使用坚固的材料精细制作，作品就会像那些传统手工艺品一样美丽。

今天设计师创造开发的软件不仅改变了设计工作流程，还塑造了设计师的设计思想。从这个意义上说，工具直接反映了设计师的设计逻辑。

我们每天使用图形生成软件进行设计，但是软件的开发、使用与生成概念并不一致。工具不仅变成了提高生产力的方式，而且变成了设计语言和设计流程中不可分割的一部分。然而，尽管很多设计师并没有意识到软件是由代码写成的，设计师并不熟悉代码的语法，但是很多软件已经采用编程当中的面向对象编程、数学或参数化结构等方法。在编程过程中，设计师可以使用基本的数学公式通过计算在屏幕上绘制图形并改变图形属性，影响设计元素的运动方式以及响应用户输入。

计算机诞生以后，一些设计项目可以解释和展示一些作品背后的计算过程，设计师可以添加变量，并实时看到这些变量产生的影响。软件不是设计与计算机之间的连线，而是一个为设计师提供的循环、开源材料。

第二节 编 码

设计师和艺术家在进行创作时自己用编码编写软件，这一让设计师和艺术家痴迷的过程，能够更好地实现设计师的创作意图和设计风格。在艺术设计中使用软件通常有两个目的：创造和构想。在第一种情形中，计算机参与到形式的创造过程中；而在第二种情形中，计算机被用来构想形式。

编码一般被定义为一种在信息传输过程中用来表述字母或数字的信号系统，一种由被赋予了一定主观意义的符号、字母以及单词所组成的系统，该系统可用于传输简短或需要保密的信息。另外一个定义认为编码是一种由若干符号和规则组成的系统，用来向计算机表述指令。例如，莫尔斯电码通过或长或短这两种脉冲表示字母表里的每个字母，在打印纸上则通过“点”（dot）和“划”（dash）显示莫尔斯电码。例如：单词my可以由发信人编码为“-- -.--”，由此产生的声音被接收者重新编码为my。尽管莫尔斯电码和计算机毫无关系，但是对于深入理解计算机软硬件内部结构以及隐藏在其后的语言大有裨益。

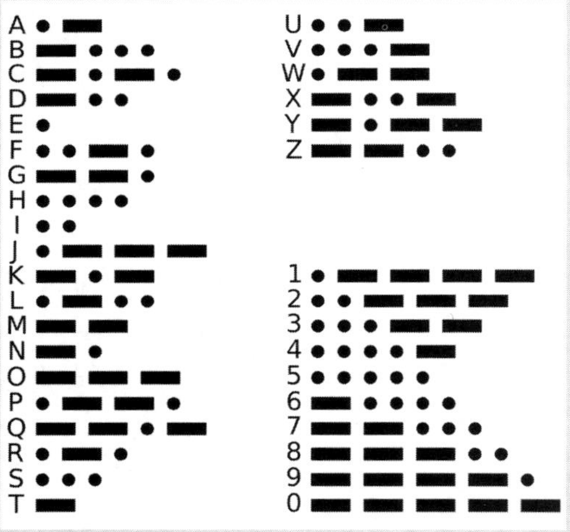

本书中的编码是指一种用来在机器和人之间传递信息的方式，是代表一系列指令的编码，通过细节定义一个具体的过程，以便人们理解指令。这种编码通常被称作算法、程序或编程。换言之，编码就是交流。我们发出的声音所形成的词语就是一种可识别编码，人与人之间的交流也是通过语言这种编码来进行的。人们总是在寻找与世间万物进行沟通的方式，对

A	• —	U	• • —
B	— • • •	V	• • • —
C	— • — •	W	• — —
D	— • •	X	— • • —
E	•	Y	— • — —
F	• • — •	Z	— — • •
G	— — •		
H	• • • •		
I	• •		
J	• — — —		
K	— • —	1	• — — — —
L	• — • •	2	• • — — —
M	— —	3	• • • — —
N	— •	4	• • • • —
O	— — —	5	• • • • •
P	• — — •	6	— • • • •
Q	— — • —	7	— — • • •
R	• — •	8	— — — • •
S	• • •	9	— — — — •
T	—	0	— — — — —

图33 莫尔斯电码表

在莫尔斯电码表里，每个字母都与一个点划序列相对应。

于丧失语言能力的人来说手语就是一种编码，对于失明的人来说布莱叶盲文就是一种替代书面语的编码。所以，计算机编码也可以说是人与计算机之间进行交流的语言。实际上，编程语言使用的单词和语法与书面英语单词也有很多相似之处，但是计算机编码必须具有简洁、语法严谨、词汇量小的特点。对于人类来说，学习计算机编码就像学习另一种基于英文表述的语言。

编码的另一个功能是设置障碍。自从有了书写，人们就通过编码来保护那些不想被他人看到的内容。例如，编码就像用数字来替代字母表中的字母一样，1代表A，2代表B，3代表C……利用这种代码，单词my就变成了“13，25”。

人类将自己的思维转化为可读写的格式，然后又将其转化为可被计算机执行的格式，这通常基于以一系列1和0来表示的计算机编码。这一系列1和0和源代码看起来不一样，是一种指导计算机运行的最低层级格式，每个bit（0，1）可以组成一群bit（8个bit序列），用来定义计算机如何计算、数据如何进出计算机中央处理器。计算机具有不知疲倦、可重复运行的特点，这大大提升了计算的效率。

我们会因为某一目的在计算机上输入一个由编码组成的程序，过去，这一过程意味着在穿孔卡片上打洞，然后把卡片放在一个盒子里交给操作员，操作员会把卡片装进计算机里，计算机会发现卡片并找到洞孔，更新部分记忆储存。

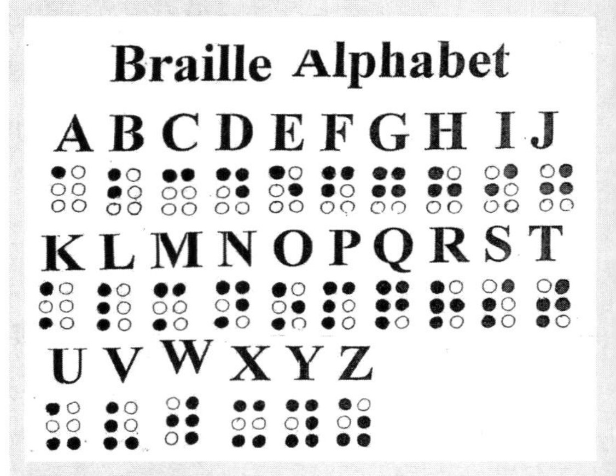

图34 布莱叶盲文

第三节 编码与艺术

20世纪五六十年代，编码通过艺术家的作品进入艺术领域。艺术家们尝试创作与软件相关的主题，并举办展览，比如1968年在伦敦现代艺术学院举办的Cybernetic Seredipity展、在纽约Jewish博物馆举办的“软件与信息技术：艺术新含义”展。同时，工程师与艺术家合作创作出最早的计算机生成电影《置换》（*Permutation*）。从此，为艺术而开发编程系统的探索快速发展，并影响至今。20世纪80年代，个人电脑的普及让更多人可以学习编程，如Hyper Talk、Lingo等计算机语言为艺术家和设计师所接纳，互联网的发展也激发起人们探索针对图形进行编程的热情。在此之前，还有一种更早的计算机语言Logo，是西蒙·派珀特在20世纪60年代后期设计的供儿童使用的计算机语言。孩子们可以在不同媒介上使用Logo编程，包括一个机器乌龟和屏幕上的图像。还有以Max为代表的软件用模块连接方式来表示程序代码，给艺术家带来了灵感和创作激情。而图形化用户界面让过去不熟悉计算机编码的艺术家和设计师可以使用电脑进行设计和艺术创作。随着编码在艺术、设计领域影响力的扩大，屏幕不再是唯一的疆界，物理世界的探索为编码打开了新的领域。

将编程整合到设计的过程极大地增强了设计师的创造力，但概念化的创造能力仍然属于设计师，计算机只是一个不知疲倦的助手。在今天数字化和自动化的时代背景下，设计可以被执行得又快又简单，快速生成成千上万种元素组合。在计算视觉设计中，“涌现”“模拟”和“工具”这些词给设计带来了各种可能性。

“涌现”是生成艺术设计中经常出现的概念，《生成艺术》（*Generative Art*）一书中这样描述：在生成设计的背景下，当过程所产生的结果不是预先设定好的，并且所有元素相互作用可以明显看出比单个元素属性更多时，就产生了涌现的过程。在生成设计的过程中，涌现常常表现出过程规范中没有明确说明的突发属性。最终的作品与其说是一个预先设定的“结果”，不如说是一个不断重新配置和适应的动态过程，最终结果的重点转移到了创造这个不断变化和发展的输出过程，这就是数字生成艺术设计中所体现出的“涌现美学”。

从艺术的角度看，涌现体现出一定的动态的生命特性，因为它们根据环境输入参数不断变化，体现出适应性和多样化特征。当结果不可预测或者所有元素相互作用所带来的不仅仅是各自特征的时候，涌现就会在过程中出现。自然界中群鸟的“集群效应”体现了涌现这一特征，即通过简单的规则产生高度复杂的、不可预测的行为。

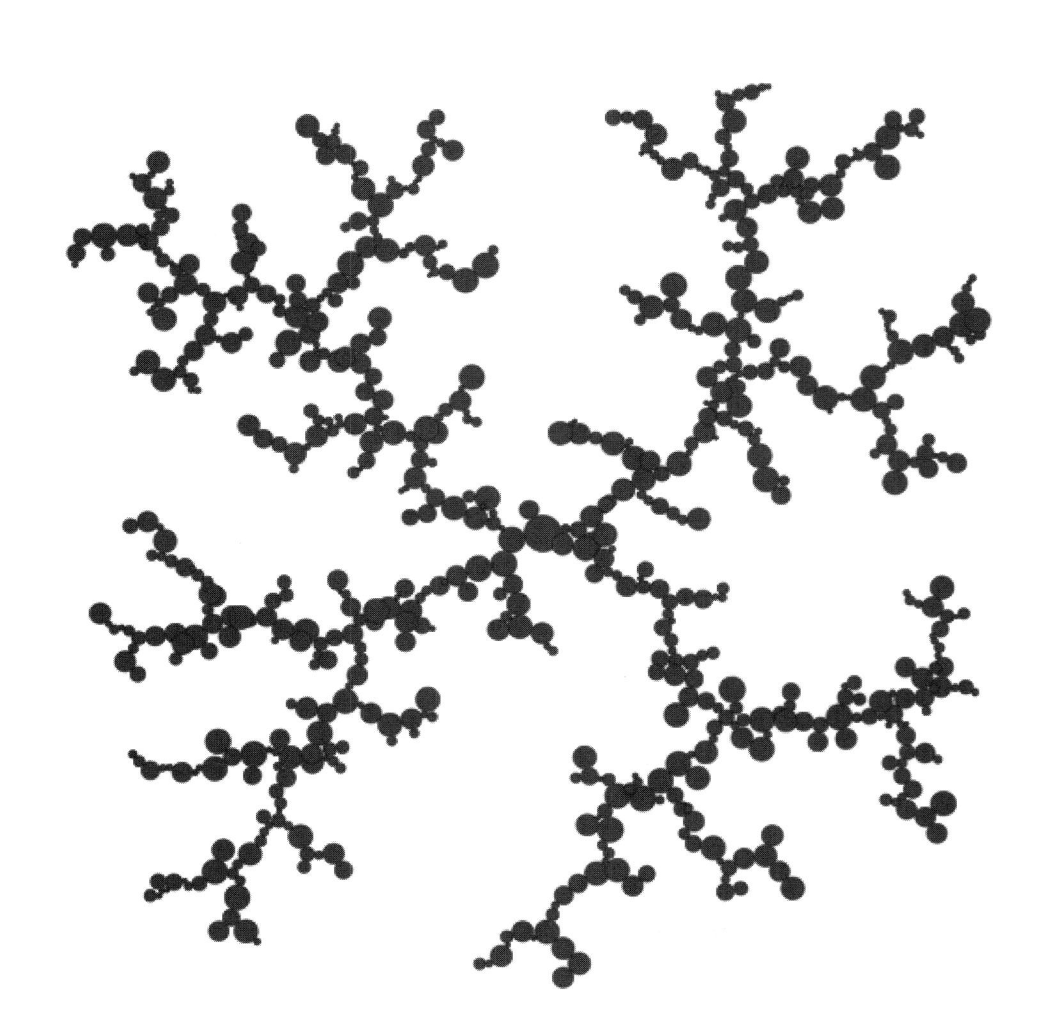

图35 增值模式

基于简单规则，多个元素汇聚在一起可以产生一个稳定的结构，简单的增值模式可以产生复杂的形状。绘制一个新圆，将其放置在尽可能接近最近邻圆的位置，这种算法可以显示出植物或矿物质的生长过程。

“模拟”是物理、经济、社会学等领域对真实世界中复杂系统的认识，利用软件模拟全球天气、交通状况，或者计算机图形学家模拟真实的光、材料、毛发，产生逼真的动画效果，也可以模拟工程规划、战争场景，产生新形态的计算机游戏。在艺术方面，新技术常常被用于再现和模拟大自然，对自然过程的模拟是计算视觉设计的一种重要方法。对于设计师来说，没必要对绝对真实的自然进行模拟，以设计目的和最终作品给观者带来的感受作为目标才是模拟的最终目的。自然界中的很多模式可以转化为数字生成系统。模拟技巧包括如“集群”和“细胞自动机”等技术，人工智能也是对人类智慧进行模拟的一种方式。

图36 海滩生物，Theo Jansen，1990年至今

泰奥·扬森（Theo Jansen）经过二十多年的工作创建了一个人工生物种群独立生存在挪威的海滩上。生物的骨骼结构完全由塑料管搭建而成，由风能驱动，它们能够在风暴中确保自己在地面上，艺术家通过写入遗传算法来优化骨骼的长度。

编码作为一种创意的“工具”和“媒介”，在计算设计领域广为应用，因为艺术家、设计师对软件的需求不同于科学家、数学家或工程师，所以在编码发展初期，编码和设计、艺术的结合很少。对于艺术家和设计师来说，往往需要几年时间才会掌握运用编码创作视觉形式所需的技巧。使用编码最明显的优势是设计师自己成为个性化定制软件工具的创造者，每个生成的程序就是一个定制软件，设计师可以探索现有软件没有的新方法，开发更广泛的视觉设计媒介。设计师可以根据自己的构想量身定制软件，并不断进行改进。

尽管人们努力开发出一种适合艺术家、设计师的计算机语言，例如Processing或openFrameworks，但是编码和艺术家之间仍然存在巨大的鸿沟。同时我们也应该看到，编码和艺术家、设计师之间的结合已经产生巨大的影响，越来越多的设计师、艺术院校把编码作为基本素养，特别是中小学STEAM教育的兴起，更为孩子掌握计算机语言和计算思维创造了条件。可以预想，这一代孩子长大后，计算机编程将会成为一种基本素养，设计师与编程之间的鸿沟将会消失。不管选择什么样的计算机语言，计算设计师和艺术家能够以某种方式编程至关重要，无论好与坏，这都是创造新的计算体验的唯一途径。

第四节 算 法

什么是算法（algorithm）？算法不是在计算机出现之后才有的，早在17世纪就已经有了“算法”这个词，只不过那时是靠人而不是机器完成的。19世纪中叶，也就是计算机诞生一百年前，世界上第一个程序员阿达·洛芙莱斯（Ada Lovelace）为第一台模拟计算机设计了一个算法，尽管这台计算机从未真正被创造出来，但她通过直觉认为计算机的应用可以超越数字运算。尽管算法看起来有些复杂，但其实简单明了，就是做事情的指令或说明。有人把算法比喻为编织围巾的方式，或者从一个地方到另一个地方的指示标记，或者类似家具拼装说明以及其他具有指导规则特征的东西。卡西·瑞斯在《形式与编码在设计、艺术、建筑中的应用》一书中对算法进行了描述：算法具有四个要素，如果在定义这些要素时将其与旅行指南联系起来，那么这些要素就很容易理解了。算法方式具有多样性。编写算法的方式有很多种，换句话说，从A点到B点的方法有很多，不同的人会创造不同的指令系列，但都会让读者到达预定的终点。算法需要假想，比如远足指南会假定你懂得如何远足：知道穿什么鞋合适、知道如何跟随风向，然后假定你知道要带上充足的水。没有这些知识，远足者就可能迷路或脚上起泡、脱水而终结自己的远足。算法还包含决策以及复杂算法需要分解。理解了计算机算法，我们就可以给计算机清晰的指令，让计算机知道该怎么做，这有助于在设计中利用编码实现自动化和系统化。

在《未来简史》一书中，作者尤瓦尔·赫拉利（Yuval Noah Harari）认为未来可能有两种主导意识形态：科技人文主义和数据主义。他认为科学正逐渐聚合成一个无所不包的规则，也就是认为所有生物都是算法，而生命则是进行数据处理，智能正在与意识脱钩，无意识但具备高度智能的算法可能很快就会比我们自己更了解自己。科技人文主义指技术进步带来人类升级进化，是代表未来的人文主义。新科技人文主义虽然可以让人类的身体和大脑升级，却可能会让人失去“心智”，因为“人类正在开发控制、重新设计意志的科技”。赫拉利认为，数据主义是由两大科学思潮汇聚而成的，一是达尔文的生物进化思想引发的生命科学。在生命科学看来，生物体都是算法。二是“图灵机”所发展出来的电子算法。算法和数据成为生物智能和意识的基础。数据主义作为人文主义的对立面被提出来，未来社会庞大的数据量只能依靠计算机强大的数据处理能力，而这样会让人的价值减少。

今天，人类相信数据和算法，相信人工智能，同时也低估了人类对算法的反控制与自我觉醒。科技进步不会让人文主义消退，只会激发起更加自觉的人文主义反思，从而避免数据与算法失去控制，数据依然需要依据算法来做决策，这让人文主义与数据、算法达成了共识。

近年来，设计对社会问题的关注度越来越高，而基于代码的计算设计对社会问题常常关注度不够。计算视觉设计形式看起来很纯粹，比如由粒子系统组成的字母，但是有趣的作品一定要和不同的文化联系在一起，传达思想和意义仍然是设计的第一要义。那些用算法进行创作的人，常常会对所要表现的内容意义感到困惑。比如屏幕上的色彩和形状随着人的行为不断发生改变，但是需要体验者或设计师赋予这种形式以意义。很多实验性的设计作品看起来像是在“太空”中快速跳动的字母，由A变成B，然后又变成了C，尽管形式感很强，但是并没有什么意义。我们可以在某个时刻看懂这个字母，但是这些字母并没有组合成一个有意义的单词，这让作品看起来缺少目的性。作为一种形式上的试验性探索，这类作品具有一定的艺术表现价值，但这并不是平面设计的未来。如果字体排印会随着天气、时间、经济形势、思想的变化、难民的涌入或海平面的上升而发生变化，才会更有趣。这时，数据内容就会对形式的意义起到支撑作用，因为文字是沟通的桥梁。字体形式可以体现抽象叙事，也可以把可读性作为最基本的要求。设计师的个人意义表达仍然是计算视觉设计的重要体现。

平面设计的本意是信息传达，算法带来了新的思维方式，计算视觉设计需要与过去平面设计的思维方式建立起某种联系，使计算设计师在不同领域扮演不同角色，在作品中提供截然不同的价值观和视角。就像社会也需要遵循着一定的规则和结构，避免发生混乱和噪声。

第五节 逻辑计算

如果将传统设计与计算设计进行比较，那么传统设计过程中的每一步都可能无法回答“为什么”这个问题，这可以被称为“黑盒理论”。与传统设计相比，计算设计是一个更加清晰的过程。计算过程可以被定义为玻璃盒子，因为任何人都可以理解这些步骤并对过程进行分析。计算设计的过程依赖于对设计问题的描述和分析，设计过程本身是计算设计的关键。可以说，计算设计不仅要对最终作品进行设计，还要对设计过程进行设计。总之，与黑盒子相比，玻璃盒子是一个更容易解释的科学过程。

马德琳·斯温（Madeleine Swain）在将计算设计区别于CAD（计算机辅助设计）时表示，定义计算设计的一个好方法是使用一种算法或一组指令来获得某种设计解决方案或输出结果。计算设计本质上是自动化或建立一个经过所有步骤的算法，我们真正需要做的就是改变输入，然后就能得到不同的输出。输入可能是多维数据集的位置，算法将在该位置生成多维数据集。另外，斯温引用了另一位学者杰里米·格雷厄姆（Jeremy Graham）的观点清楚地说明了计算设计与CAD的区别。使用CAD时，架构师可以用鼠标来拾取两个点并在它们之间画一条线——这是一个手动的过程，而在计算设计中，设计师可能会设置一种算法来生成那些点和随后产生的线，这些线条会自动生成更加复杂的图形。

计算机的出现，使平面设计的主要创作工具由传统纸笔转变为数字化界面，在转变中也充分利用了计算机绘制的特点——严谨与规范。但计算机辅助与计算之间存在着本质区别，这个区别是将设计角色从手工形式[①]转换为设计系统，设计系统的核心便是计算设计。

计算视觉设计的过程与传统设计的过程的区别主要体现在以下四个方面：

第一，设计概念的抽象化与信息化。传统设计过程是直接使用物理工具进行模拟的过程，如新加坡艺术家Chan Hwee Chong使用柔性钢笔一笔画出一幅肖像画。而计算视觉设计中的计算思维是抽象思维的过程。在深入涉及编码之前，设计师可以使用铅

① 使用计算机绘制亦是一种手工形式。

笔等工具立刻看到自己的设计意图和细节，使用编码时，设计师面对的是编码，是一种非图形表现的计算机语言。在由计算机语言转化为图形之前，设计师需要将设计构想抽象为一系列规则和算法，然后按照所设定好的规则和算法通过书写计算机编码实现设计过程。当设计师看到计算机编码输出的图形时，可以判断图形是否符合自己的设想，如果需要修改，那么回到规则和算法设定环节进行修正，再输出结果，如此循环往复，直到最终得到符合自己意图的结果。

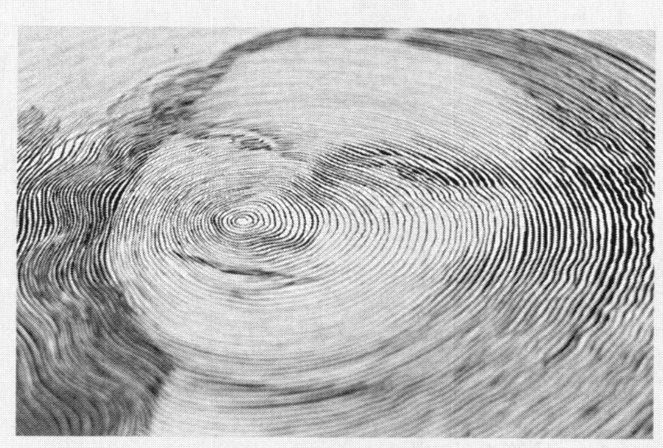

图37 《蒙娜丽莎》，Chan Hwee Chong，2011

凭借高超的模拟技巧，艺术家Chan Hwee Chong直接用笔在纸上作画，精确地调节线条粗细，用螺旋线一气呵成完成了作品《蒙娜丽莎》。

第二，问题分解。在计算视觉设计执行过程中，基本思路是把一个大问题分解为若干个小问题，通过分解关注点将复杂的任务分解为多个小项，从而对问题进行步骤化梳理。主要方法包括重复、随机、系统化，通过平面设计的视觉样式与模块化，打破计算机规律产生的变化以及控制结构，对设计过程产生影响。

第三，评估与改进。与原有以模拟为主的平面设计创作过程不同，计算视觉设计不再是单向的改进过程，而是不断评估、反复改进的过程。

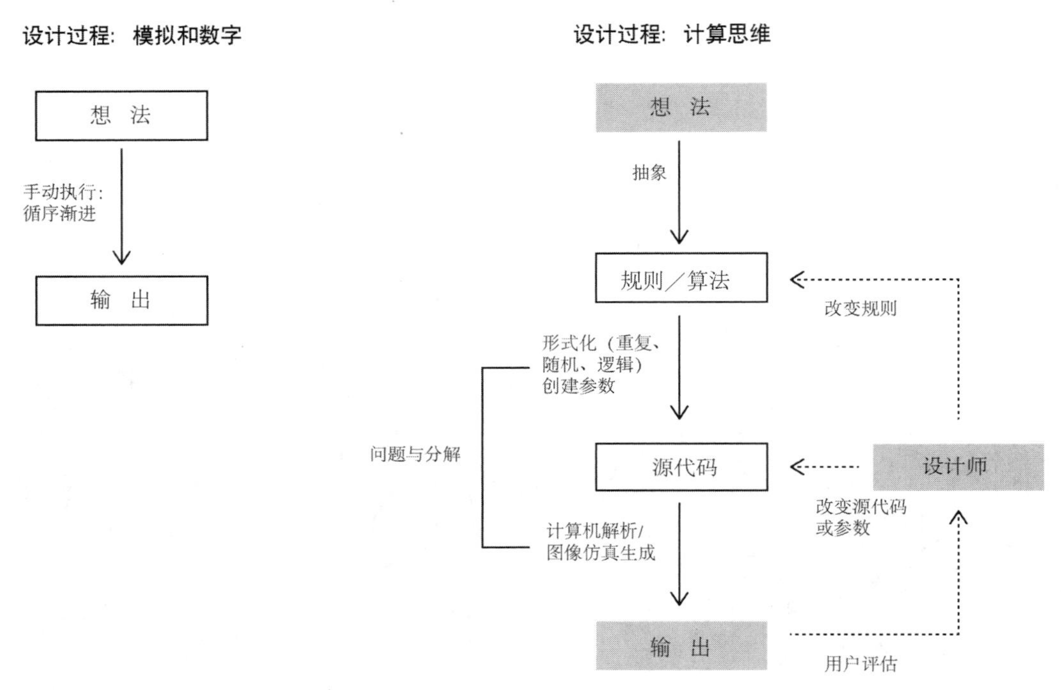

图38　计算设计过程

引自*Generative Design*。

第四，平面设计结果的多样化与互动输出。计算视觉设计过程与传统设计过程相比，一旦设计想法被翻译成计算机代码并被计算机解析，就会自动生成许多可能的结果。但是，如果设计师对之前生成的这些结果不满意，就需要重新评估，并作为提升下一次迭代的基础。与传统方式不同，设计师不是直接用手在图纸上绘制，而是在计算机程序中改变底层抽象或个性化参数和规划，在每次迭代中不断加工直到得到预期结果。交互有助于加速这种相互影响效果，数字生成系统本身或其内部不一定是可以交互的，如果需要交互，那么需要设置控制元素，如按钮、滑杆等，以控制修改参数。此外还包括物理空间交互，可以通过感应器、执行器等走出屏幕，实现物理空间中的人机实时交互。

计算视觉设计改变了设计师的角色：设计师从一名完成设计任务的执行者转变为设计任务的管理者，可以有效利用计算机完成决策过程，包括通过迭代的方式开发不同的计算过程，然后在众多结果中选择那些最具视觉吸引力的生成结果。在计算视觉设计过程中，设计师和艺术家不再使用由计算机提供的软件工具，而是通过编写代码创造自己的工具，独立生成符合设计师设计的结果。

未来，我们将会看到更多由内容自动生成的平面设计出版物，可以通过印刷品、PDF文件或其他形式发布呈现。例如，你可以使用网站内容创建属于你自己的书，选择其中的部分内容进行自动排版。从实用的角度来看，自动化排版系统给用户带来了很多改变。这些设计系统可能非常实用，而且功能非常强大，用户可以使用设计系统制作自己组合的内容。

今天，数字化设计已经成为设计学科的重要组成部分，每次我们设计时都要使用计算机软件，比如Photoshop、Illustrator等。这些软件的工具栏里，比如画笔、刷子、剪刀等，是一种形象化与虚拟的结合，是一种有效的方法，这些工具可以让我们立刻看到结果并且使用起来非常方便。例如，我们在屏幕上用鼠标画一条线和在纸上用笔画一条线没有什么不同，都是实时呈现结果。计算设计师所面临的真正挑战是发现新媒体固有的特征，找到怎样用计算机画一条自己从来没有画过甚至从未想象过的线。计算视觉设计与传统平面设计的不同之处在于在设计过程中自然而然生成设计结果。

抽象与规则

对于设计师和艺术家来说，抽象并不陌生。当组织信息和用视觉符号进行创作时，设计师需要非常了解人类和计算机。在艺术中，抽象的画面看起来不像我们熟知的世界，而在计算机科学中，抽象的编程语言更像我们说的自然语言。艺术抽象接近人类潜意识，更倾向于艺术本身。而程序员则使用抽象思维远离客观对象，更便于设计出人类理解的“界面”。在界面设计中，设计师要像使用自然语言一样理解符号和行为，比如“缩放30%”或“居中排列”这样的语言指令，这是一个抽象化的思维过程，让设计师更容易操作。

计算对设计过程最主要的改变是让传统手工操作退居幕后，图像化和信息化成为新的主要元素。设计师所面临的问题不再是“我怎么画”，而是“我怎么抽象”。从创意到最终结果这一过程只会在包含一系列规则的计算中产生，这些规则由计算机解释和处理。作品出现在显示器上之前，每个数字生成图像必须由一系列规则进行描述。对于设计师来说主要面临两个挑战：一是怎样抽象一个模糊的想法，二是怎样以一种形式化的方式把想法输入计算机。对于怎样把一个想法抽象化没有规则可循，对于已实施的复杂想法来说，可以将其分解为许多小问题，“分而治之”是一种解决问题的有效方法。例如，想要一个画面被尽可能多的直径随机的圆填满，而且彼此没有重叠，第一步就是将模糊的想法转化为具体而简单的“规则”。先画一个圆，这个圆尽可能大，直到与屏幕上任何圆相交；如果相交，则重新开始。通过这种理解，才有可能用一种程序语言制定计算机可执行步骤。编程语言提供了基本构建模块来实现这一点，如重复、随机和逻辑。

重复与随机

重复可以对人的身体和心灵产生强烈的影响。在视觉方面，重复会引起我们的眼睛快速移动，有很多艺术作品通过模拟重复来创造具有深度感和运动感的强烈感受。20世纪60年代的“欧普艺术”（“op艺术”）作品会引起视网膜颤动、闪烁、膨胀和扭曲等。尽管艺术家们创作作品时无须计算机帮助，但他们中的很多人依赖运算法则。例如，维克托·瓦萨雷里（Victor Vasarely）制作的绘画作品叫作《程序化》（*Programmation*），以此来探索6个色相的模块化色彩系统，每个色相有12种变化。另一位用完全不同的方式使用重复的艺术家是安迪·沃霍尔（Andy Warhol），他通过丝网印刷的方式在大众媒介上多次重复同一个图像，创造符号化的名人肖像，如玛丽莲·梦露、杰奎琳·肯尼迪等。通过重复，图像失去了与主题之间的关联，变成了一件产品而非一幅肖像。

对于计算机来说，重复是其最基本的特征。早期的计算机其实是计算器，目的是提高大量重复计算时的速度和精度。因此，计算机擅长快速准确地完成重复性任务，可以不知疲倦地一直工作下去，直到解决问题并且让设计师有能力操作大量对象。递归是计算机重复的一种技巧，可以产生有规律的重复样式，是函数包含一行代码并指向函数自身，就像你站在两面镜子之间会看到无穷无尽的反射。在软件里，递归意味着一个函数可以在自己的函数模块内调用自身。计算机程序中经常用到for循环，在Processing和p5.js中draw是主要的循环方式。

图39 《玛丽莲·梦露双联画》，Andy Warhol，1962

随机性对于计算视觉美学而言至关重要。概率分布和随机数在计算机程序中可以模拟艺术家的直觉。在现代艺术发展历程中，选择随机组合进行创作已有很长的历史，如1913年马塞尔·杜尚（Marcel Duchamp）的作品*3 Stoppages Etalon*，把下落曲线作为一种新的测量单位。抽象表现主义艺术家杰克逊·波洛克（Jackson Pollock），以反复、无意识的动作把颜料滴落或甩到铺在地上的画布上，将各种偶然、随机、无序的实践融入作品。现实世界中的创作在使用混乱和随机性时需要借助物理手段，使用计算机这种精确计算的机器时，必须模拟现实创作产生的结果。艺术家和设计师利用随机在规则和混乱中获得平衡，由此产生令人注目的视觉张力。他们可以创建各种变化来打破计算机的精确计算感，最大限度地模拟在现实中实现真实随机操作的效果。真实的随机效果往往会是混乱的，很少产生有趣的结果，但如果随机受到限制，在规律的结构下，往往会产生有趣的结果。计算机程序中常见的语法是“random()”和“noise()”。

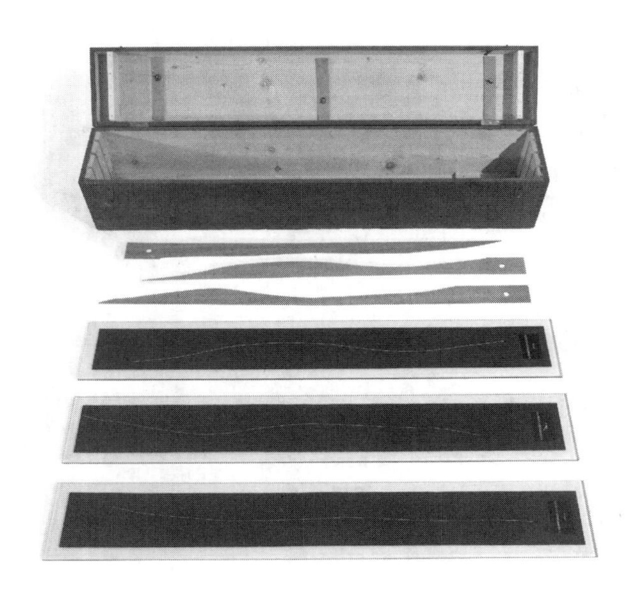

图40 *3 Stoppages Etalon*, Marcel Duchamp, 1913

马塞尔·杜尚从一米高处扔下三根一米长的绳子，得到三条不同的线。根据这三个线条轮廓，他用木头制作了三把一米长的弯曲的尺子，以显示在生活中即使是所谓的标准化测量也具有不确定性。

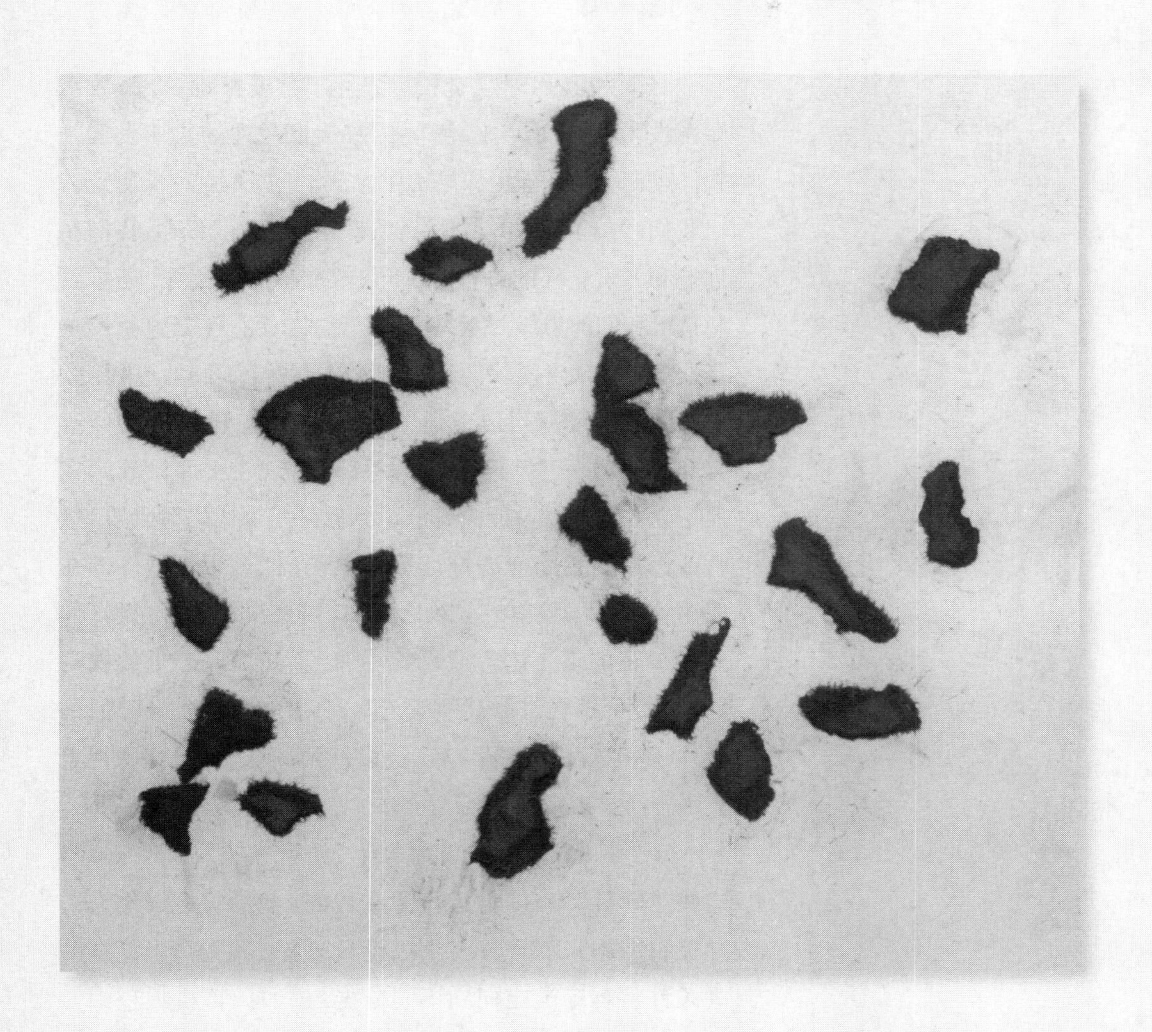

图41 *According to the Laws of Chance*, Jean Arp, 1933

达达主义艺术家简·阿尔普(Jean Arp)将随机性作为作品的关键，将其视为一切创造的基本法则。他依赖随机性，用纸上拼贴的方式进行创作，体现自发性和偶然性。

逻 辑

计算机技术对视觉设计产生了重要影响，今天数字印刷技术快速而高效，主要依赖表层软件的快速发展，软件改变了设计师的深层工作方式。正如麦克卢汉所说，“我们塑造了工具，工具反过来也塑造了我们”。我们在创造和开发软件的过程中，不仅改变了设计流程，还重新塑造了我们的思维过程。从这个意义上说，工具直接反映了设计逻辑。使用软件和开发软件是两个不同的过程，软件作为工具不仅可以增强图形生产能力，更成为设计语言和设计过程中不可或缺的一部分。现在平面设计师在使用软件的时候可能没有意识到软件是由代码写成的，尽管他们不熟悉如何进行计算机编码，但是很多软件都在使用计算机编程中的参数化结构。需要注意的是，设计作品要表达的不是逻辑或系统本身，而是由此产生的视觉意义。尽管编程是设计师或艺术家创作的有效工具，但是必须让其隐藏在作品背后，让设计师的思想、风格和视觉表现力凸显出来。

现代计算机是逻辑机器，通过使用“and”“or”“else”这些逻辑计算来确定运行哪些代码。我们将逻辑作为一种控制结构来引导数字生成设计过程。我们可以设定一些条件将程序流定向到不同分支，比如计算机编程中常见的“if”“else”“switch”“case”等。

图42 几何字体系统FF ThreeSix，Hamish Muir & Paul McNeil, 2012

MuirMcNeil工作室专注于探索参数化设计系统，包括字体设计、图形设计及运动图像中的系统和算法，针对视觉传达问题生成适当的解决方案。FF ThreeSix是一种几何字体系统，由粗细不同的6种字体组成。该作品的目的是探讨几何字体设计的易读性和可读性，以及在排版中基于生成形式和规则的设计方法。

第六节 媒介转换

抽象的、非物质的和不可预知的编码世界如何与我们的感官产生关联？我们不仅需要了解屏幕中的色彩，还需要了解光或打印的过程，将计算机图形转化为我们能够感受到的东西。在这一过程中，数据成为媒介转换的内在动力。通过数字生成系统，不同的媒介通过数据传送转变为多种媒介形态，让作品成为可感知、可触摸的另一种媒介表达，丰富了人们对作品的感官体验。计算机的介入使媒介的界限被打破，视觉设计的概念外延不断扩大。

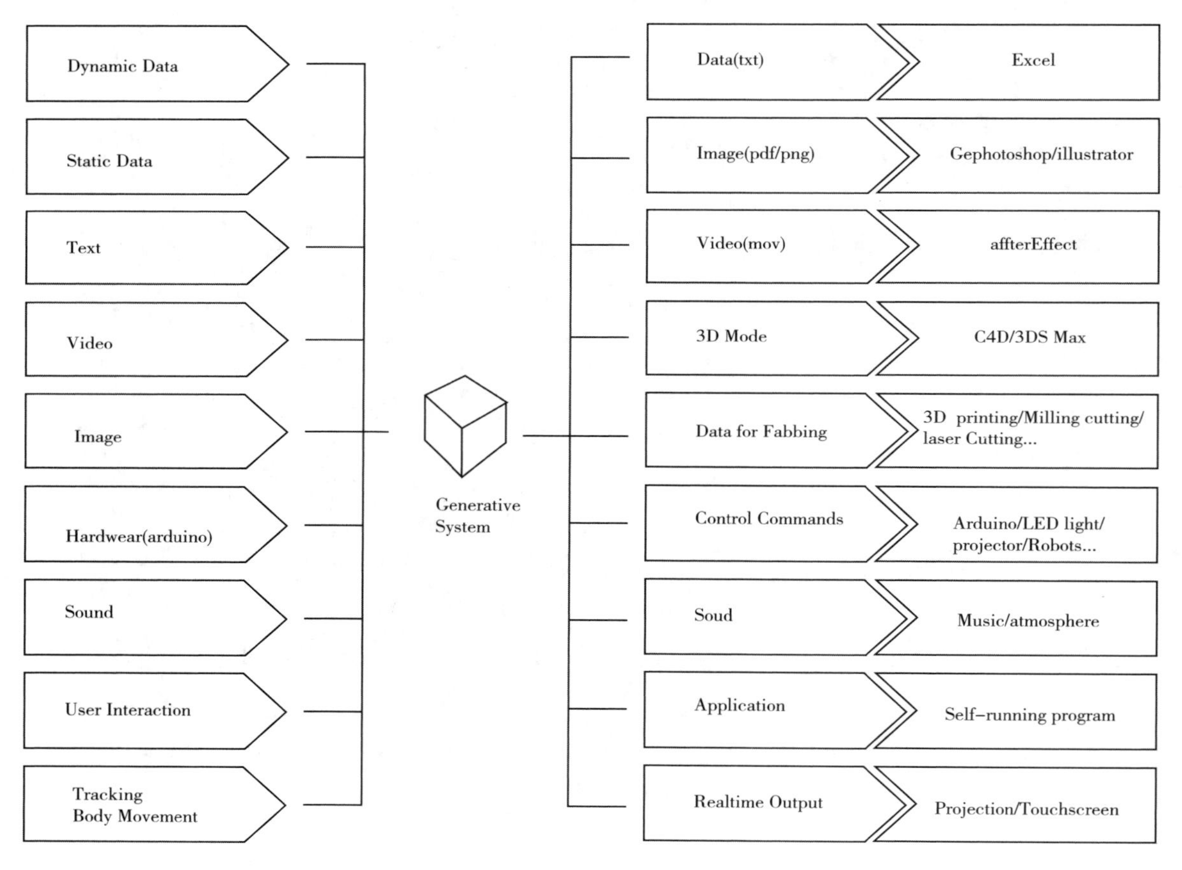

图43 数字生成系统数据转换图

引自onformative工作室 *Generative Design*柏林校园演讲。

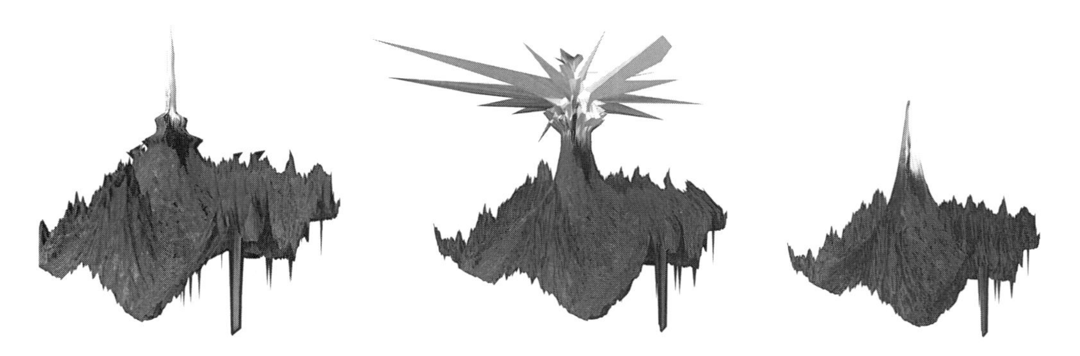

图44 *Impressing Velocity*, Masaki Fujihata, 1994

这是一幅可视化动态地图，是根据富士山登山者的GPS数据生成变形的三维地图。地图反映了登山者在富士山的中部和底部的状态，以及接近顶点时缓慢的攀爬速度。

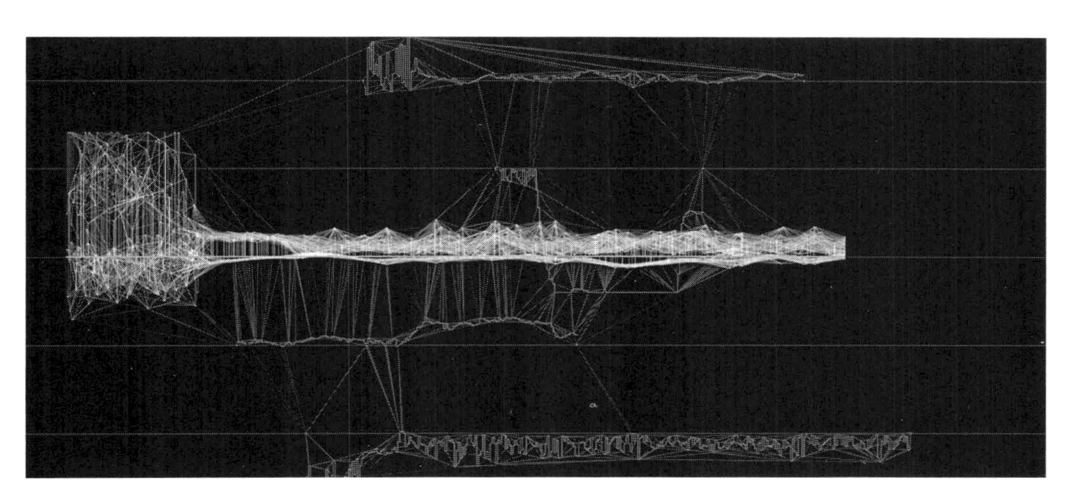

图45 *Audiovisual installation*, Ryoichi Kurokawa, 2017

日本艺术家黑川良一（Ryoichi Kurokawa）的音乐可视化设计作品，使用了激光和投影来展现声音，射线穿过空间打在屏幕上，幻化出森罗万象的光影景象。

形　状

在编写代码之前，设计师可以使用手绘草图快速在纸上呈现创作想法，但是要把纸上的图转变为计算机编码，则需要不同的思维，这二者之间尽管存在差距，但可以逾越贯通。

设计师在纸上进行绘画时，会将纸作为媒介，要考虑到纸的物理特性，比如是否光滑、适合铅笔还是钢笔，这时纸就会成为一个平面二维坐标系统，当然，手绘过程中的自由性使设计师很少考虑坐标位置。而在计算机上进行绘画就需要考虑屏幕尺寸和背景颜色。计算机使用笛卡尔坐标，设定一个点时，就要精确设定它的x坐标和y坐标。比如，在Processing中使用函数point（50，50）来确定一个x轴坐标50、y轴坐标50的像素大小的点。另外，计算机可以反复绘制，而纸张则不行，因此计算机能够以每秒60帧的速度反复刷新，可以设计出流畅的动态效果。

计算机屏幕是由像素组成的，不同的计算机屏幕尺寸和分辨率会有不同的像素数量。比如笔记本电脑有1,764,000像素（1680像素×1050像素），即1.76百万像素，这样我们的眼睛就可以看到一个连续的模拟色彩流。计算机屏幕是由点状的像素网格组成的，通过控制每个像素颜色来创造图形，这被称作“光栅图像”，有时也被称作“位图”。光栅图像受限于分辨率，因此出现了矢量图形。矢量图形同样采用笛卡尔坐标系统，但靠储存一系列数学公式来定义图像，因此可以轻易地缩放而不失细节，保证在打印或印刷过程中图像的精度，特别是细小平滑的线条和纤细的字体，如果是光栅图形将很难处理。另外，机器切割、数字加工等技术也需要矢量图形的精确度。在Processing编程环境中，可以将编程后显示的图像以PDF格式储存为矢量图，这为设计师使用计算机编码进行大幅面平面设计创作带来了极大的便利。

色　彩

计算机屏幕上所显示的颜色与我们在纸上进行绘画所使用的颜色不同。在计算机中，叠加所有颜色可以得到白色，而在现实绘画中，叠加所有颜色得到的是黑色（或奇怪的深棕色）。计算机屏幕是以光合成颜色，屏幕是黑色，在上面叠加有色光，这被称为加色模式，而在纸上和画布上绘画或印刷的颜色被称为减色模式，这是二者的区别。

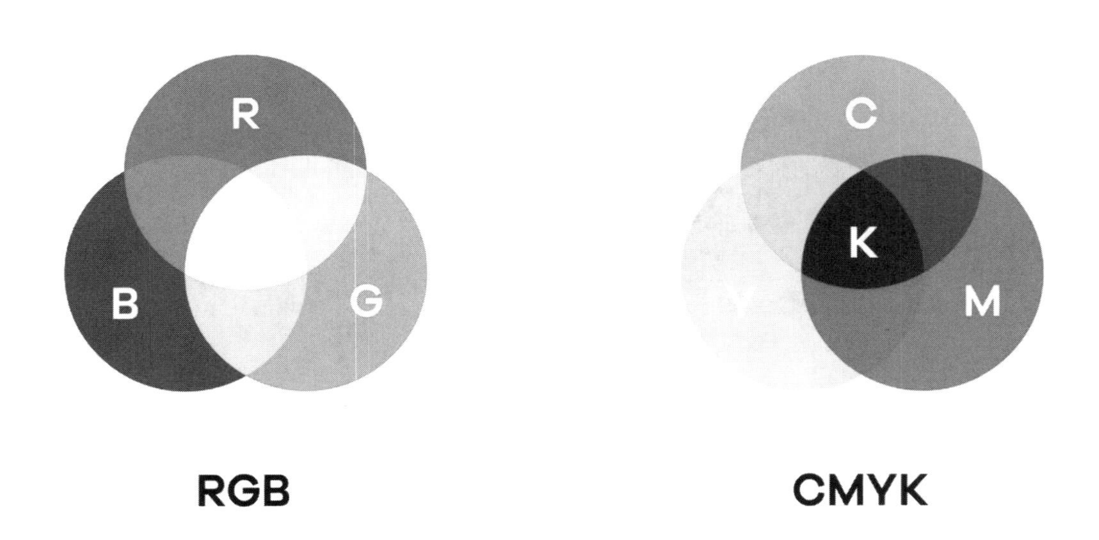

图46　RGB色彩模式与CMYK色彩模式

在计算机中，最常见的色彩设定方式是使用RGB值，R、G、B分别代表屏幕上一个像素的红色、绿色、蓝色光的量。三种颜色混合在一起就成了某一种颜色，每个颜色的色值在0至255之间，当红、绿、蓝是0时，便产生黑色，当红、绿、蓝是255时，便产生白色。我们可以自己设置或在软件中的拾色器上选择不同的色。

图47　10,000张数字印刷品，SEA Design，2012

这10,000个封面是为英国纸张生产商GF Smith设计的，是生成设计与数字印刷相结合的结果，每一页都以一个超复杂的立体形态作为不同视角，将数码印刷和生成设计相结合，给设计界带来了无限可能。

光

电脑最早使用的视觉输出设备是视波镜，像Sketchpad和早期很多视频游戏都是用这种显示方式，之后过了很长一段时间，全彩显示屏才慢慢开始普及。

最早的电子显示屏是显像管屏幕（CRT），主要被用作电视机、电脑的显示器。早期的家庭视频游戏主要采用CRT显示设备。CRT由一个电子枪和在真空管中内置的荧光屏组成，电子枪在屏幕上以从左至右、从上到下的方式发射电子，电子击打屏幕，荧光物质发光。这个过程让CRT屏幕上的图像显示看起来非常特别。CRT显示屏过于笨重而且耗能较大，因此这种“古老的”电子屏被其继任者液晶显示屏（LCD）取代。

液晶显示屏按照背光光源的不同分为两类：一类是白色荧光灯背光，另一类是白色LED背光。对计算机图形来说，这为数字绘画程序、图片操作以及纹理创建打开了一扇大门。1972年，施乐研究中心首先开发出荧光屏，将屏幕上所有内容储存在内存里，解决了在此之前只有矢量图形可以显示在屏幕上，而光栅图像则需要大量内存而无法管理的问题。今天，越来越多的计算机采用液晶显示屏，与CRT相比，液晶显示屏耗电更少，体积更小，这些优点使其成为理想的移动电脑屏幕。另外，液晶显示屏的尺寸可大可小，既可以成为个人移动终端，又可以在公共区域提供视觉体验，除此以外，还可以被改造成触摸屏并提供物理交互。液晶显示屏的不足在于存在动态模糊（motion blur）问题，看久了容易产生视觉疲劳。

现代数字投影在数字媒体艺术中应用广泛，它可以投射到任何非标准介质上，如新兴的投影形式——建筑投影，这种形式不同于传统投影，把投影的介质由屏幕变成了各种建筑的表面，由此带来了更大的创作空间和更好的视觉效果，并越来越受到商业和大众的欢迎。在展厅中，投影不仅可以让众多人看到，也可以营造出沉浸式体验的意象效果。最常见的投影装置是前投影，也就是将图像投射到屏幕正面，后投影装置则将图像投射到半透明屏幕背面。如果允许观众接近图像又无须担心投射到屏幕上的人影或其他方式干扰图像，后投影装置无疑是一种很好的方式。

图48 *Cachemire*, Yann Nguema, 2022

亚恩·恩格码（Yann Nguema）是一位法国数字艺术家，同时也是一名程序员、照明设计师和音乐家。计算机工具常被纳入他的创作中，他利用自己开发的软件在作品中增加互动维度，为观众带来生动的表演。

与CRT相比，液晶显示屏拓宽了新媒体艺术的表现形式，在规格尺寸、重量与便携性上具有明显优势，给观众带来了不同的感官体验。20世纪末，便有艺术家通过数十甚至数百个液晶屏来构建作品呈现介质，表达自己所希望的空间和氛围，如裸眼3D类新媒体艺术作品，常态下呈现三维立体效果，灵动而逼真。还有一些液晶显示屏艺术装置，实时采集车流、人流等数据，通过计算机程序和算法将数据转化为数以百万计的粒子图像，把不可见的数据可视化为抽象艺术画面，引发了观众极大的兴趣。

在日常生活中，发光二极管（LED）无处不在，尽管其从出现到大规模使用的时间并不长，但是对我们的生活产生了重要影响，未来将会出现在更多的人类生活场景中。发光二极管是一个电子元件，在电流接通时产生光。与传统的发光方式相比，发光二极管具有更加节能、耐久的特征。设计创作作品时，它们可以极大地改变外表，而且体积非常小，为艺术家提供了丰富的创作空间。将大量发光二极管组合在一起，几乎可以创建任何尺寸的图形或形状。通过这种方法，每个发光二极管就可以充当光栅图形中的一个像素，可以用硬件和软件来控制，让它们看起来跟传统屏幕一样。发光二极管对数字艺术和电子艺术产生了巨大的推动作用，已经成为新媒体艺术家塑造电子艺术作品动态空间造型的重要技术手段，对人机交互技术也产生了重要影响。

图49 *Volum*, United Visual Artists, 2006

由LED灯组成的灯光装置艺术，光线随参观者的行为变化而变化。

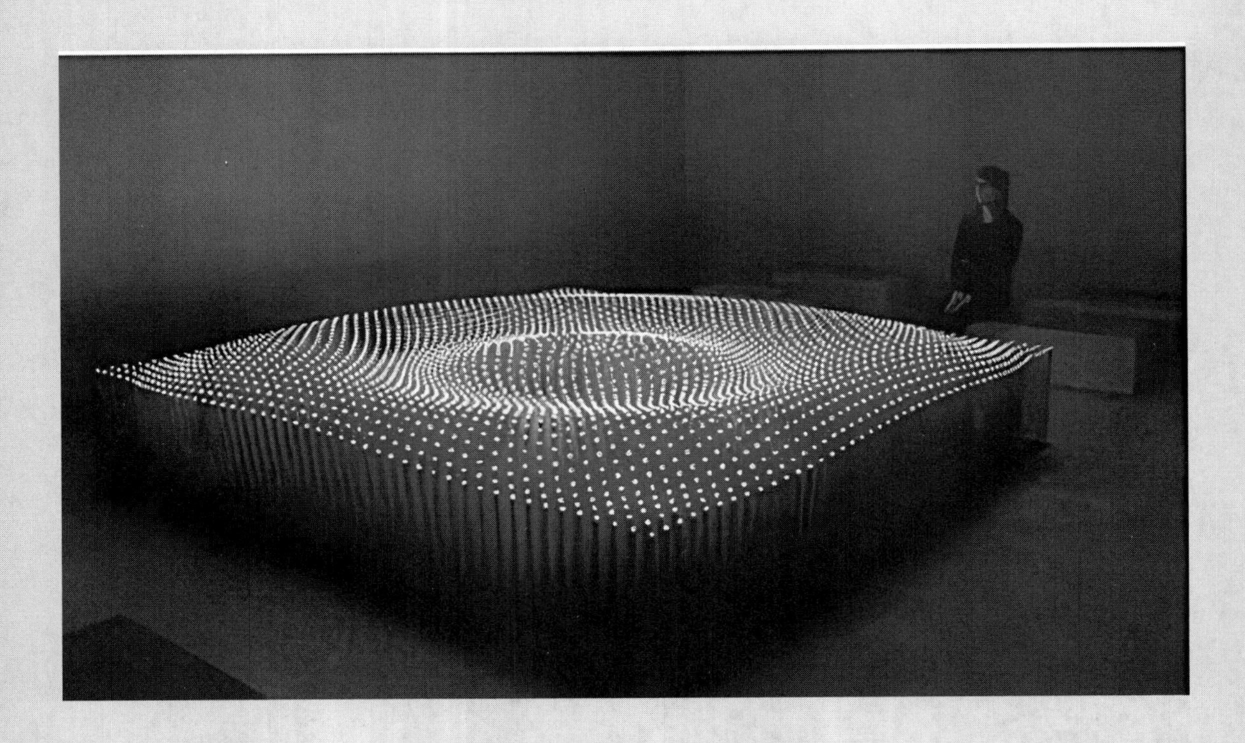

图50 *Waterdrop Installation*, Héctor Serrano, 2008

作品由36×36 根顶端嵌有蓝色LED 灯的金属杆阵列组成，每根金属杆底端采用多级减速器传动装置连接，呈现出动态的“水波纹”运动之美。

屏幕分辨率精细度的变化反映了不同时代的文化记忆。如于尔格·莱尼、厄斯·莱尼（Urs Lehni）、阿尔诺·施利普（Arno Schliph）和布鲁诺·特恩赫（Bruno Thurnher）合作完成的*Four Transitions*，从历史的角度总结了20世纪50年代以来公共空间显示器的技术发展，每个显示屏都展示了以明显不同的颜色和技术创作数字的过程，选择四种屏幕来代表半个世纪以来的技术进步。这些显示器一起显示当前时间，每个屏幕花一分钟组成一个数字，并设计与每种屏幕技术相对应的视觉形式。除了当前时间和屏幕技术的历史性之间的巧合之外，作品的自我反思方面还体现在作品的持续时间与观看者所花费的时间上。

机械翻转点阵屏(Flip-Dot Display)，21*35像素

LED 显示屏，32*48像素

LCD 显示屏，52*72像素

TFT 显示屏，52*72像素

图51 *Four Transitions*，Jurg Lehni，Urs Lehni，Arno Schliph & Bruno Thurnher，2020

该作品由四个不同的定制显示屏组成，每个屏幕作为一个单元，采用不同的方法，代表显示技术历史上的不同时代。

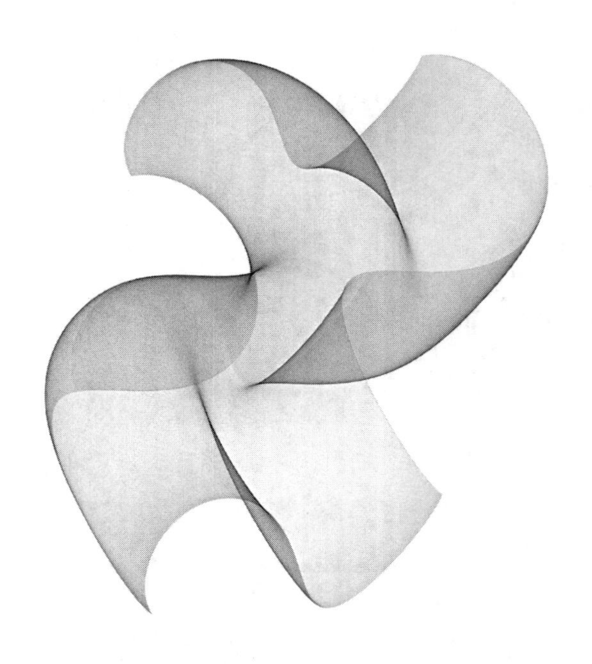

图52 *Cyberflowers*, Roman Verostko, 2009

20世纪60年代起，罗曼·维罗斯科（Roman Verostko）开始探索改良绘图仪绘制纯粹形式的美学作品。设计师将代码转换到绘图仪上，绘图仪将指令转换成运动并在纸上直接完成绘制。

打 印

纸作为艺术媒介由来已久，艺术家和设计师通常在纸上进行写作和绘画。在计算机绘画早期，很多计算机艺术家都把自己的作品打印在纸上以呈现细节。那时候屏幕显示的图形往往模糊不清，纸上打印使计算机艺术家找到了一种边界表现方式。印刷方式是机械式的、固定的，而在屏幕上绘制的字体让人感觉更有活力，具有动画效果，也更加自然。谷歌设计师将在屏幕上显示的动态字体（kinetic type）称为绘制式字体，印刷字体在每秒20帧的低保真屏幕上显示效果最好，但是在高于每秒60帧的高保真屏幕上则更具吸引力。

绘图仪是一种机器，其笔尖在绘图纸表面移动，通过计算机给笔下命令来控制其移动的方向和速度，从而使线条的性质发生变化。艺术家和设计师通过改变绘图纸的材质或将钢笔替换成铅笔、笔刷及其他绘图工具，可以产生许多有趣的结果。

20世纪80年代中期，第一台针对家用设计的激光打印机诞生。激光打印机将电荷和感光结合起来，进而将碳粉溶解在纸上。这项技术使激光打印机达到每英寸300dpi，比普通点阵打印机的72dpi高很多。

尽管激光打印机在纸上打印更有优势，但喷墨打印机的发明扩大了可用的介质和墨水的种类。喷墨打印机的喷嘴设计非常灵活，可以在各种纸张、塑料和织物上打印，甚至整个电路板都可以用导电墨水“打印”。

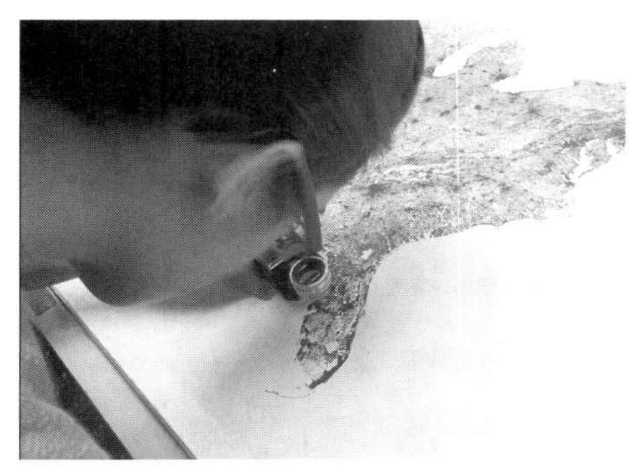

图53 *All Streets*, Ben Fry, 2006—2022

本·弗莱将数据可视化作品延伸至人文地理数据分析，他绘制了美国本土48个州的所有街道共2500万条独立路段的图像。现代打印技术为作品提供了更多细节。

设计师不是把打印机看作复制的工具，而是再创作的工具。丰富的数据和细节通过计算呈现出来，基于代码语言完成视觉图像设计，对印刷技术提出了挑战。

》建 造

“建造”（fabrication）是一个包罗万象的词，用来形容那些能够创造数字表达之外的物理对象的新技术。出于各种不同的目的，人们以一种远比使用打印机和屏幕更加多样的方式使用各种建造技术，这就需要以新的方式来思考计算机编码、空间和结构。最普遍和最直接的建造工具是激光切割机，它在机械上与绘图仪相似，只是在二维空间移动的机械臂上安装的是激光而非画笔。计算机沿着机床上的x轴和y轴移动激光，切割材料。在切割材料的类型、尺寸和厚度上，激光切割机往往会受到限制。除了可以向两个方向移动，激光切割机的功率还可以调节，以便蚀刻金属和在木头上产生复杂的燃烧模式。尽管激光切割机仅限于在二维空间中工作，但许多建筑师、设计师和雕塑家已经找到富有创造性的方法来切割片段，然后重新组装起来创建复杂的3D作品。

图54 *Aweek in the Life*, Andreas Fischer, 2005

这是一个电信数据物理化作品，设计师的行动空间是通过无线电波半径测量出来的，每个无线电波的分布由信号的强度和位置决定，通过信号传输确定每个单元坐标，并转化成经度和纬度。设计师采用激光切割机切割纸板，最终完成了作品。

数控铣床（CNC）、选择性激光烧结（SLS）、光固化快速成型和3D打印只是创建全三维物体的几种方法而已，也就是说，在计算机屏幕上显示的对象包括x轴、y轴和z轴的信息，通过这些信息来控制输出设备。数控铣床的机器与绘图仪或激光切割机相似，但加强了连续上下运动的灵活性。

数控铣床是一个削减的过程，也就是说，为了创建一个对象，要将巨大的材料块进行挖切。相反，选择性激光烧结、3D打印和光固化快速成型则是一个加法过程，通过增加或合并材料来建造最终的作品。加法技术对于创建带有空洞的空间、底部切割和悬挂作品具有明显的优势，这是三轴数控铣床很难做到的。

图55 *Reflection*, Andreas Fischer/Benjamin Maus, 2008

这是一件声音数据雕塑，源自弗兰斯·德·沃德（Frans de Waard）的同名音乐作品，采用数控铣床技术，把近16分钟的电子音乐频率呈现在中密度纤维板（MDF）上。

3D打印机的模型是通过层叠和溶解连续交叉的材料创建的。叠层粉状材料，如塑料、锡甚至玉米淀粉和糖，都可以堆积起来，然后用一种喷墨打印机“打印”出黏合剂，有选择性地将它们融在一起。模型完成后，将其从多余的粉末中挖出来，将余下的粉末回收起来供下一个模型使用。光固化快速成型和选择性激光烧结技术都采用了这种加法技术的变体。采用光固化快速成型技术时，由于光固化树脂层很薄，将它们叠加在一起后，可以用紫外线激光修复加固其叠加的区域，一旦所有的层完成，剩下的液体就会慢慢流出，再用紫外线进行额外修复。选择性激光烧结则综合了3D打印和光固化快速成型技术的原理，将粉末层堆积在一起，然后用激光把它们融为一体，一层一层地建起模型。选择性激光烧结的一个显著优势是可以使用多种材质，包括尼龙、陶瓷、塑料和金属，这使得快速创建机器部件原型成为可能。

图56　Type & Form Sculpture字型雕塑，Karsten Schmidt，2008

设计师通过基于生物化学反应的生成过程模拟生长，真实地体现出来自自然的生物美学，然后用3D打印机打印出来，经过拍照后印刷在*Print*杂志上。

图57 hylozoic grove 物活森林，Philip Beesley，2007

激光切割技术为这件装置艺术作品创造了不同的形状，结构和机械装置使用的是硬塑料，羽毛状的叶子则是用轻薄而富有弹性的塑料切割制成的。

第七节 计算思维

早在计算机诞生之前人类就已经拥有计算思维，只不过当时没有机器可用，只能人工计算。17世纪，笛卡尔和布莱尼茨设想，既然计算可以变成流程化、算法化的操作，那么能否通过计算将人的推理机械化呢？因此，产生计算思维的第一原则就是把人的情感和主观判断排除在计算过程之外。这似乎与艺术设计的主观性特征相矛盾。计算机可以做很多事情，但是，计算机不能解决所有问题，比如“图灵停机问题”。计算让我们进入一个自动化时代，由于发明计算机的初衷是实现自动化，当计算机科学形成完整体系时，就会跳出纯技术的纬度，通过研究“计算”上升到自然科学层面，将计算思维应用到其他科学领域，带来认知升级，为我们提供一个不一样的观察世界的角度。

计算思维作为信息时代人们认识世界、改造世界的重要方法论，自2006年周以真教授提出计算思维的正式概念后，不同学者基于自身的学术背景对计算思维的概念进行了不同角度的补充，具体分为三种：一是跨学科、多领域融合下的综合性视角；二是计算机编程基础上的专业性视角；三是语言、算法、抽象等分项能力表征下的功能性视角。学者们对计算思维进行定义时，使用频次最多的词依次为：抽象、问题解决、数据、系统、概念、算法、求解、自动化等。

早期的计算思维是一种源于编程思维的思维模式。1996年，美国心理学家、计算机教育家西蒙·派珀特第一次初步界定了计算思维的内涵，指出计算思维是使用计算表征功能来表达重要观点，是使其更加清晰、明了的过程。美国数字媒体艺术家、MIT媒体实验室计算审美小组组长约翰·梅达在2000年出版的《数字计算》（*Design by Number*）和2004年出版的《创意编码》（*Creative Code: Aesthetics + Computation*）等一系列著作中对计算科学中的编程素养和数字媒体艺术设计进行了理论与实践探索，一定程度上体现了计算思维在设计中的应用。2006年，周以真教授重新定义了计算思维，认为计算不再只是编程，而是解决问题的思维方式，是每个人必备的技能。她认为计算机的出现影响着我们的思维方式和思维习惯，从而也将深刻地影响我们的思维能力，催生并进一步发展智能化思维。计算思维建立在计算过程的能力和限制之上，不管这个过程是由人还是机器执行的，都涉及运用计算机科学的基础概念去求解问题、设计系统和理解人类的行为，其思维框架是基于计算机算法的普适性思维方式。2011年，美国国际教育技术协会（International Society for Technology in Education，ISTE）与计算机科学教师协会（Association of Computer Science Teachers，CSTA）联合对计算思维进行了操作性定义。计算机给数字媒体艺术带来了新的思维方式和审美形式，使用计算机编码实现了艺术家和设计师自己编写软件进行创作的意图。

计算思维是人的思维，不是计算机的思维，代表一种普遍认识和一类普适技能。计算视觉设计必须拥有情感价值，而计算思维却排斥人的情感和主观判断，让艺术家和设计师像计算机科学家一样思考问题，这本身就是对传统艺术设计所具有的发散性思维的挑战。自20世纪五六十年代以来，计算机艺术家的作品通过计算思维涵盖了反映一系列计算机科学的广泛性思维活动，计算机为数字媒体艺术提供了新的个性化工具，改变了艺术设计过程，推动了数字媒体艺术设计的发展，从软件到编程，释放出艺术家和设计师无穷的创造力。

关于计算思维和计算设计之间的关系，塞林·奥克坦认为计算思维能力是计算设计过程的基础，人们可以不依赖计算机或数字环境来提高计算思维能力。另外，彼得·丹宁（Peter J.Denning）在探讨计算设计时也提到了计算思维，不过加入了“计算实施”（computational doing）。他提出计算思维和计算实施的交集是计算设计，通过专注于计算设计，我们可以消除传统的计算思维与新计算思维之间明显的冲突。[①]他解释三者的关系时认为，“思维”（thinking）是指为某个问题找到计算解决方案的协商过程，“实施”（doing）是指使用计算和计算工具来解决问题，“设计”（design）是指创建新的计算工具和方法，而计算设计师是拥有计算思维的人和行动者的结合体。

① DENNING P J. Computational design[J].Ubiquity, 2017（2）: 1–9.

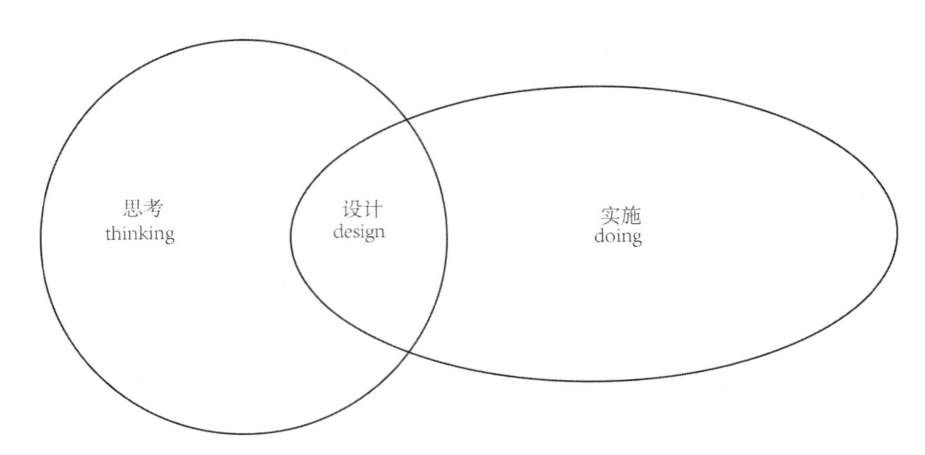

图58 彼得·丹宁解释"思维"(thinking)、"实施"(doing)和"设计"(design)的关系

计算思维是建立在计算过程的能力和限制之上的，不限于编码，编码并不总是必须与计算有关。我们可以在整个平面设计领域讨论规则、计算、图案和系统。例如，露娜·莫伊雷尔(Luna Maurer)做的很多项目都不具备计算性，但有一个规则，作品关注过程而不是最终结果。

图59 *Fungus-Series*, Luna Maurer, 2017

艺术家给每位参观者一张贴纸，上面有四种形状，参观者需要按照一定规则将贴纸贴在地面上。这是由数千人历经三个月共同制作的大图案，可以看出每个参与者是如何应对规则限制的。

在设计过程中使用计算思维是一件自然而然的事，荷兰设计团队LUST的所有作品都包括不同的媒介，从印刷到屏幕互动，都必须考虑数字和编程方法。计算设计师需要融设计、创意编码和编程于一身，如果只有创意和编程的人参与设计，恐怕会有缺憾，必须由设计师统筹。另外，在深入了解编程的基础上，作品背后强大的设计概念是必不可少的。由此可见，艺术家和设计师仍然是思考的主体。与计算思维是“人的计算思维”的主张一致，计算机为艺术家和设计师提供了不知疲倦的帮助，使其可以完成由无数个元素生成的作品。计算思维方式在凸显以简单规则产生高度复杂、未知结果、自然仿真以及艺术家、设计师可以自己开发个性化软件工具等方面给计算视觉设计带来了新的思考和审美结果。

第三章

编码作为创意媒介

第一节 没有计算机的计算

计算视觉设计扩大了传统平面设计的概念。计算机技术的快速发展，为设计师和艺术家寻找更加开放、更富表现力的创作方法提供了帮助。今天，计算机科学广泛应用于艺术、设计、建筑、音乐、人文等学科，计算机科学与艺术家和设计师之间的隔阂越来越小。计算机编程作为一项基本技能已经成为一种基本素养。“创造性编码”被应用在更多的文化实践中。而使用“创造性编码”的艺术家和设计师，将自己使用计算机编程设计的定制软件作为创造性媒介，模糊了艺术与设计、科学与工程之间的界限。这些创造性的编码工具如processing、p5.js、open frameworks等都是开源和免费的，从根本上实现了软件开发的民主化。随着软件继续渗透我们的生活，正如“每个人都应该学会编码”一样，每个人都应该具备创造艺术的智力能力，以文化为导向的计算视觉设计实践为人们提供了一些更加丰富的内容。

在计算机出现之前，计算过程就已经存在于艺术设计作品中，艺术家和设计师总会使用现成的计算方式去创作，比如很多艺术流派的画作在构图中都或多或少地使用了数学进行创作。今天，每一幅画构图的基础都是几何学，或者说是确定其组成部分在平面或立体空间中的相互关系的一种方法。1912年，瓦西里·康定斯基（Wassily Kandinsky）在其《艺术中的精神》一书中提出了“数是各类艺术的最终抽象表现”。尽管康定斯基承认自己永远无法克服最初在数学方面遇到的困难，但是，他经常使用数学术语来描述他的想法，他对形式和颜色的看法就像公式一样。康定斯基在他的绘画中使用直线、曲线、三角形、圆形和网格作为基本模块，取得像数学定理一样的艺术效果。数学为我们提供了一种基本的认知方法，使我们能够理解身边的环境，数学的一些基本元素也为艺术家们提供了认识不同对象或对象集合之间相互作用的规律，这些都与数学相关。

计算机普及之后，设计师仍然使用手绘的方式来理解计算，创造具有计算视觉审美的作品。条件设计（conditional design）是一种典型的不使用计算机进行计算视觉设计的方法和策略。条件设计是由平面设计师露娜·莫伊雷尔、乔纳森·普基（Jonathan Puckey）、罗尔·沃特斯（Roel Wouters）和艺术家埃多·保卢斯（Edo Paulus）在2008年提出的一种设计方法。作为一种计算设计策略，它由有趣的设计规则和条件集定义，这些规则和条件能够激发参与者之间的互相协作并产生不可预测的结果。

条件设计对过程的关注不仅吸引了艺术家和设计师的兴趣，而且对任何希望寻求过程创新或寻找新的、令人振奋的方式的人都起作用。在每一个过程中，艺术家都会选择解决问题的基本方式和规则，并且很少在之后完成工作的过程中做出改变。这能够在很大程度上消除艺术家在绘制过程中的武断、多变等主观意识。同时，当设计者看到一些简单的规则会导致意外的、多层级的、复杂的结构时，可以从中获得很大的启发。条件设计方法设计小组声称：

> 媒体和技术对我们的世界产生影响，我们的生活越来越具有速度和不断变化的特点。我们生活在一个动态的、数据驱动的社会中，媒介和技术不断激发新形式的人类互动和社会环境。我们不想将过去浪漫化，而是希望调整我们的工作方式以适应这些变化，希望我们的工作能够反映此时此地。我们想要揭示这片景观的复杂性，提供对它的洞察力，并展示它的美丽和缺点。
>
> 我们的工作侧重于流程而不是产品：适应环境、强调变化并表现出差异的事物。
>
> 我们不想按照平面设计、交互设计、媒体艺术或声音设计的术语进行操作，而是希望引入条件设计作为一个术语，它指的是我们的方法，而不是我们选择的媒体。我们使用哲学家、工程师、发明家和神秘主义者的方法开展我们的活动。

条件设计强调过程、逻辑和输入，整个过程只需要纸张和画笔。条件设计把过程看作作品本身，在过程中最重要的要素是时间、关系和变化。这个过程不断产生新的形式，寻找意想不到但相互关联的涌现模式。尽管过程具有客观性的特征，但实际上源于参与者的主观意图。

清晰而合乎逻辑的规则是条件设计过程中的重要因素。设计师们使用逻辑来设计触发过程的条件，使用可理解的规则设计条件，避免任意随机性。为了找到设计过程中出现差异的原因，他们使用规则作为约束条件。约束条件加强了过程的趣味性，并在一定的规则限制下激发了设计师参与游戏的积极性。

在条件设计过程中，参与者的输入行为是必不可少的要素，输入行为参与逻辑并激活和影响整个条件设计过程。输入行为来自外部的复杂环境：自然、社会以及人类之间的互动。条件设计强调过程的输入必须来自自然或人类行为这样的“外部”，而不应该来自计算机。

练习条件设计的目的主要是强调过程在创造性实践中的重要性，并强调时间、关系、改变这些重要的组成部分。这种设计哲学超越了对设计学科的传统看法。今天，条件设计已经被用在许多大学课程中，旨在培养学生按照规则绘制开始算法思维。

图60 PERFECT CIRCLE（*Conditional Design Workbook*）

这个设计过程包括四个人，每人分别持有一支红色、绿色、蓝色和黑色的彩笔，参与者用画笔顺时针旋转绘画持续30秒，整个过程使用秒表计时。过程是：首先在纸的中心画一个实心圆圈，通过扩大它的边界来完善圆圈，当觉得圆圈完美时停止。每一轮用时1分钟，按照这个规则正好执行60次。

第二节 机械绘画

机械绘画是现在艺术展览中常见的艺术表现形式，通过现场作画输出平面作品。进入21世纪，绘图机已成为艺术家常用的绘图工具，机械绘画是传统视觉艺术的“大脑”和机器的“手”的结合体。在历史上，绘图机不仅是展示绘画过程的工具，其本身也是具有临场感的动态艺术雕塑。20世纪中叶的艺术家或科学家们热衷于对机械进行自我改装与重建，但绘图机的历史可以追溯到15世纪。艺术家巴勃罗·加西亚 （Pablo Garcia）使用CNC技术绘制出了从16世纪到20世纪的绘图机的历史图片。这些绘图机是实用的、有创造性的和美观的，但在不同阶段，技术的成熟程度、创作激情以及对未来的期许使创造者的关注点不同，从而导致作品的视觉风格不同，逐渐形成了艺术家和机器之间的对话关系。在《工艺的本质与艺术》一书中，设计理论家戴维·裴（David Pye）曾对“风险工艺”和“确定性工艺”进行了区分。绘图机在某种程度上既是一种“确定性工艺”，也可以成为一种“风险工艺”，最后的视觉呈现往往是人与机器共同对走向的把控。

“Drawing Machine”被译作绘图仪、机械绘画和绘图机等，现在也常用“Plotter”指代，推特中就建立了关于“PlotterTwitter”的话题。摄影和喷墨打印机是图像制作过程产生机械化的方法，但不是绘图机。具体来说，绘图可以被视为一种身体的行为和精神的状态，对艺术家来说，绘图仪可以被看作一种富于创造的方式。瓦茨（Watz）对自动绘图机的定义是：“自动绘图机是一种动态雕塑，可以绘制图形，通常使用钢笔、铅笔、木炭或其他传统绘图工具在纸上绘图。”

总之，绘图机通常由一系列复杂的滑轮和齿轮组成，这些滑轮和齿轮将触控笔或钢笔拖过纸张以留下标记，可以通过发条机、重物或杠杆来操作。在计算机时代，绘图机被定义为一种机械设备，它装有笔或刷子，并与控制其运动的计算机相连。

早在15世纪，伊本·拉扎兹·贾扎里（Ibn al-Razzaz al-Jazari）的《灵巧机械知识》（*Knowledge of Ingenious Mechanical*）一书中就明确了机械的各种自动机制。但真正引起绘画艺术发生变化的是在文艺复兴时期，加西亚认为绘图机是“任何能够绘图或协助绘图的装置、机制或辅助工具”，这里说的“协助绘图的工具”并非我们提到的绘画装置，而是被宽泛地定义为“任何能够吸引或帮助人类进行绘画的设备或装置”。15世纪初，菲利波·布鲁内莱斯基（Filippo Brunelleschi）开发了一种数学方法来绘制真实的图像，这种方法被称为线性透视，同一时期的艺术家、科学家或发明家也制造了辅助绘图的设备，包括最基本的尺子和圆规，以及用来透视和跟踪图像的更精细的机器。加西亚利用CNC展示了阿尔布雷希特·丢勒（Albrecht Dürer）的“丢勒的门”（1525）、汉斯·兰克（Hans Lencker）的“正交投影机”（1571）、罗伯特·胡克（Sir Robert Hooke）的“便携式‘图片盒’相机暗箱”（1694）和雅各布·勒波尔德（Jacob Leupold）的“变形机”（1713）等十二张绘图。其中，“丢勒的门”是丢勒的个人发明，用于绘制透视图。这个装置中有两个点——“眼睛”和正在绘制对象的关键点，两点之间的一根绳子代表穿过画面平面的正交，用木架上的两根交叉绳子测量相交点并记录在纸上。这个装置虽然笨重，却很好地展示了透视理论和平面图像。“正交投影机”与“丢勒的门”相似，但更准确，目的是绘制正交投影中的复杂对象，如正面、侧面和顶部。艺术家将手写笔放在对象的关键点上，然后在该点保持完全垂直，同时在手写

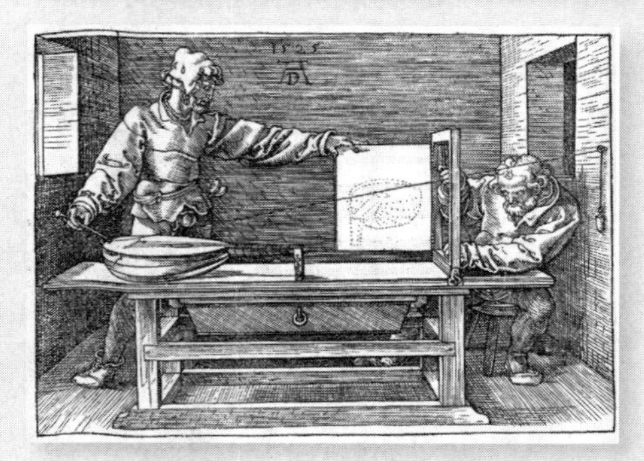

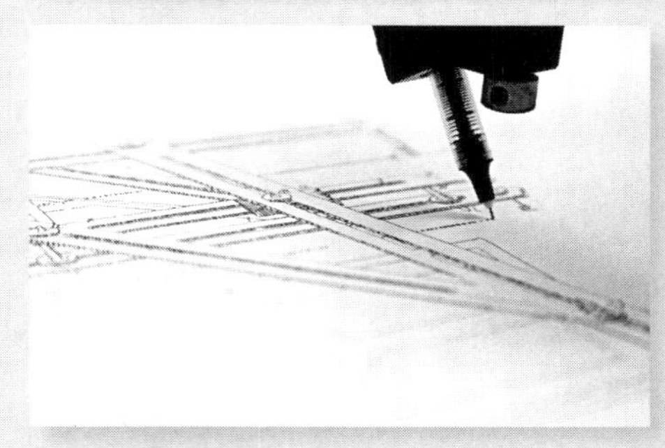

图61 Drawing Machine, Pablo Garcia

在这幅版画中，两个画师正在通过焦点透视原理的成像装置去描绘一个有很大透视变化的弹拨乐器。

笔下方摆放一个绘图板，可以绘制该点，线性透视通过使用数学和几何来影响视觉创造。

加西亚认为今天的绘图机和过去的绘图机存在着密切的亲缘关系，是历史的延续，而不是“当时和现在”这种二元对立关系。这意味着几千年来，人们一直在寻求机械辅助绘画，特别是在文艺复兴早期，随着人类知识和能力的日益提升，机器变得越来越精确，功能也越来越多。

目前所知道的最早的全自动绘画机出现在18世纪，是贾奎特·德罗兹（Jaquet-Droz）家族创造的三台自动装置机器中的“le Dessinatur”（绘图员），这些自动机是由内部发条式结构驱动小玩偶配合它们运动，也可以被认为是现代机器人的远祖。该装置创建于1772—1774年，绘图员使用凸轮系统进行工作，该系统在平面纸张的两个维度上对“手的运动”进行编码；第三个凸轮用于升高或降低铅笔。它能够画出四幅图：一条狗、路易十五的肖像、一对英国皇室夫妇和丘比特驾驶着一只蝴蝶拉着的战车。在贾奎特·德罗兹的自动装置之后，瑞士机械师亨利·梅拉代特（Henri Maillardet）于1800年左右在伦敦创作了“Juvenile Artist”。这是一种自动机器，可以用羽毛笔或铅笔进行文字书写，也可以进行绘画。和贾奎特·德罗兹的机器一样，“Juvenile Artist”也使用黄铜凸轮来存储运动信息，机器内保存的七幅图像信息容量为299, 040 个点，大约 300千比特的存储空间。

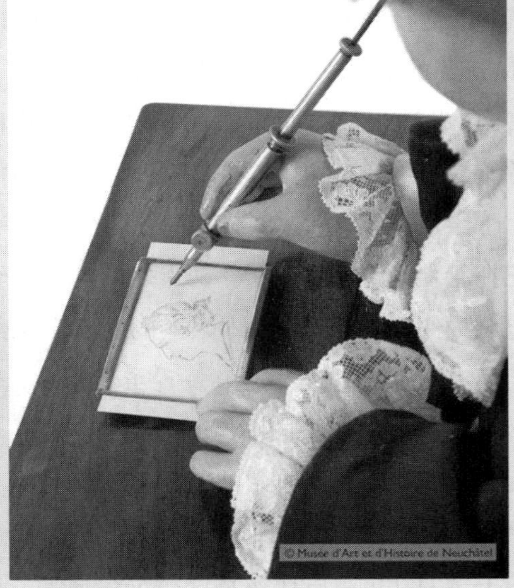

图62　le Dessinatur及其绘图作品，Jaquet-Droz，1768—1774

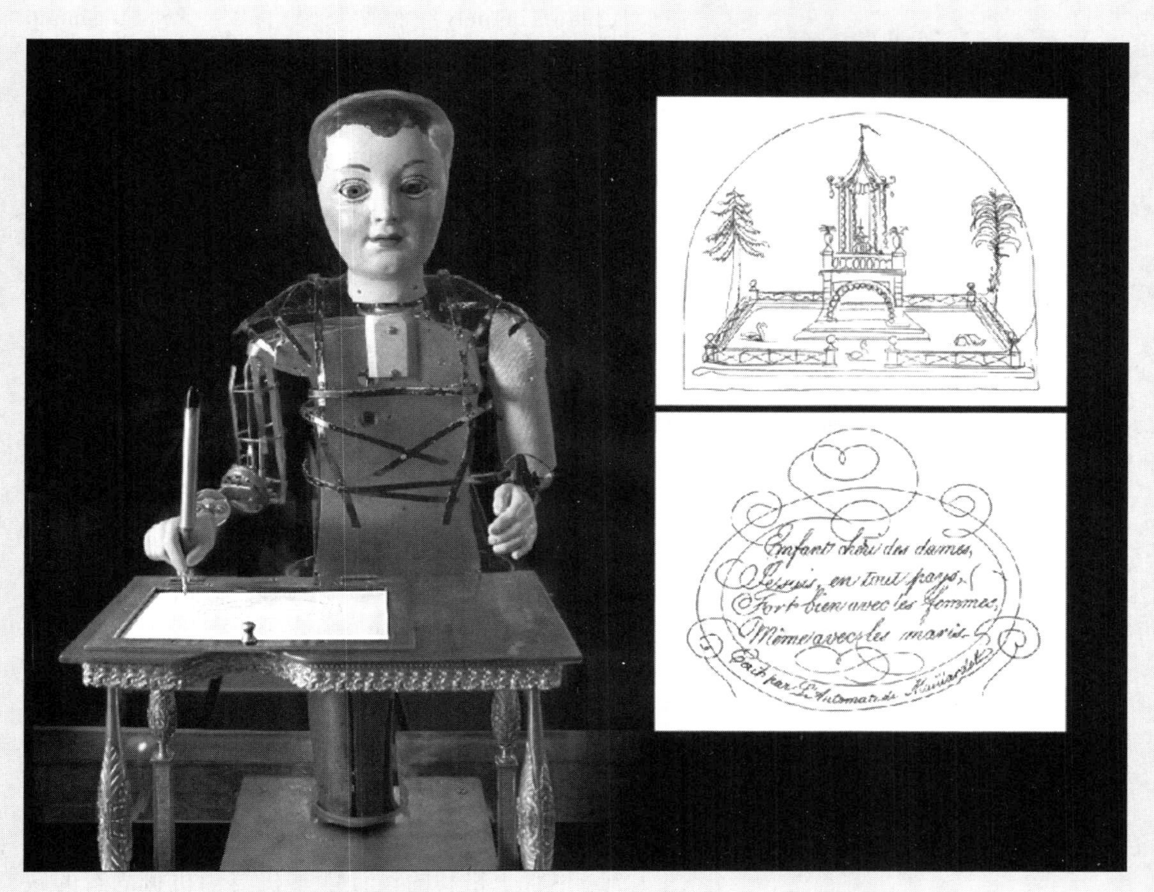

图63 Juvenile Artist及其绘图作品，Henri Maillardet，1805

20世纪中后期，在达达主义、结构主义、概念艺术和欧普艺术等艺术风格和艺术观念的影响下，出现了一批使用机械进行绘制或接近使用机械绘制的程序和视觉效果的艺术家，包括让·丁格利（Jean Tinguely）、德斯蒙德·保罗·亨利（Desmond Paul Henry）、索尔·勒维特，还有基于规则的欧普艺术的代表人物维克托·瓦萨雷里和布里奇特·莱利（Bridget Riley）。这些艺术家对机器在规则限定下所表现出来的随机性和不可预测性感到着迷，这时的作品整体呈现出抽象和几何化特征。

丁格利将达达主义延伸到了20世纪后期的动态艺术雕塑机器。1959年，丁格利创作了一台名为"Metamatics"的绘图机。Metamatics是一种具有开创性意义的艺术装置，是一种自动创建、不可预见的绘图机器，并表现出不同的风格，在20世纪50年代后期的姿态表现主义（Gestural expressionism）的背景下对美国"姿态"绘画艺术进行模仿，例如对抽象表现主义艺术家杰克逊·波洛克的作品进行模仿。这些机器基于"利萨如图形"（Lissajous figure），由不同谐波振荡叠加，以非常精确的方式运行，这样的运动会产生带有漂亮莫尔效应的几何图像，这在许多早期计算机生成的图形中可以看到。尽管丁格利的设计雕塑机器因机械固有的缺陷造成了大量不规则、偏差和中断，但仍产生了极富表现力的、类似于人类用手完成的绘画。

图64 Metamatics, Jean Tinguely, 1959

Metamatics由许多不同形状的现成物组成，由一台小型发动机驱动。这些不规则的结构部件以不同的方向和速度旋转，观众可以选择一种绘图工具（彩笔、木炭或铅笔），将其放置在机器上的特殊支架上。启动时，转动的轮子会激活对应的绘图工具，使其沿着一张纸移动，产生一件绘画艺术作品。Metamatics创作的艺术品具有不可预见的性质，并直接受到不对称机械装置随机运动的影响。这件艺术作品模糊了艺术家与观众之间的角色，从中可以看到互动艺术的开端。

丁格利发明的机器启发了德斯蒙德·保罗·亨利的机器控制论。亨利是最早尝试使用机器生成视觉图像的艺术家之一，他对所有的机械事物都充满了狂热的激情。20世纪50年代初，亨利购买了一台军队留下的用来模拟轰炸机的计算机，使用经过改进的炸弹瞄准器模拟计算机，计算飞机上投下的炸弹的轨迹。他尝试在纸上捕捉这些机械运动，结果出现了抽象的、曲线的、重复的线条图案。在1960、1963和1967年，他总共建造了三台机械绘图机。亨利的绘图机是由电子操作的，无法对其进行编程。它可以使用一种或多种绘图工具，如圆珠笔或墨水管笔。与今天的数字输出相比，它的绘图速度较慢，绘制一幅画大概需要两小时到两天的时间。

图65 机械绘图机与作品，Desmond Paul Henry,1960s

德斯蒙德·保罗·亨利的绘图机产生了抽象的、曲线的、重复的线条。这些奇怪的有机形图像与自然形式中的数学体现或使用钟摆谐波仪和装饰性几何车床产生的图像具有很大的相似性。

在前文中，我们提到了“控制论”一词，以及1968年在伦敦ICA举办的里程碑式的“控制论的偶然发现”展览。其中，伊凡·莫斯科维奇（Ivan Moscovich）的作品备受关注。他发明了“Harmonograph”绘图机，这是一种通过两个钟摆的运动来绘制图纸的模拟机器，是一种半自动绘图机械，可以通过动能技术产生无限可能性的图形。莫斯科维奇的绘图机并没有计算机介入，它只是机械运动的结果。莫斯科维奇在数学的精确性中发现了创造力，在艺术的偶然性中发现了秩序。

图66　绘图机作品，Ivan Moscovich，1968

伊凡·莫斯科维奇的双摆谐振记录器（pendulum-harmonograph）是一种半自动绘图机械，该绘图机并没有计算机介入，它只是机械，利用钟摆运动绘制不同颜色和形状，钟摆长度可调。

在机械绘画早期也出现了一种几何化的手动绘图玩具，与艺术家的绘图机相比，它更具备大众人群的普适性和易用性，尽管缺乏机器的自动化要求，需要更多的交互和动手操作，但它是数学和艺术结合而产生的历久弥新的艺术经典。“Spirograph”是1965年由丹尼斯·费舍尔（Denys Fisher）开发的一款非自动的绘图玩具，由一组塑料齿轮、环和直杆组成。小轮子的旋转运动转化为笔在纸上绘制的图案，每个小轮子都有几个孔，笔尖可以穿过这些孔。将一支笔放在轮子的一个孔中，通过推动笔来移动轮子，形成弯曲的几何图案，这在技术上被称为下摆线（在圆圈内绘制时）或外摆线（在外部绘制时）。后来不少设计者在Spirograph的基础上增加了更多更有趣的设计可能性，用户可以直观地识别Spirograph中固有的数学公式，这种可以看见的艺术和数学之间的相互作用过程有助于教授逻辑和规则。

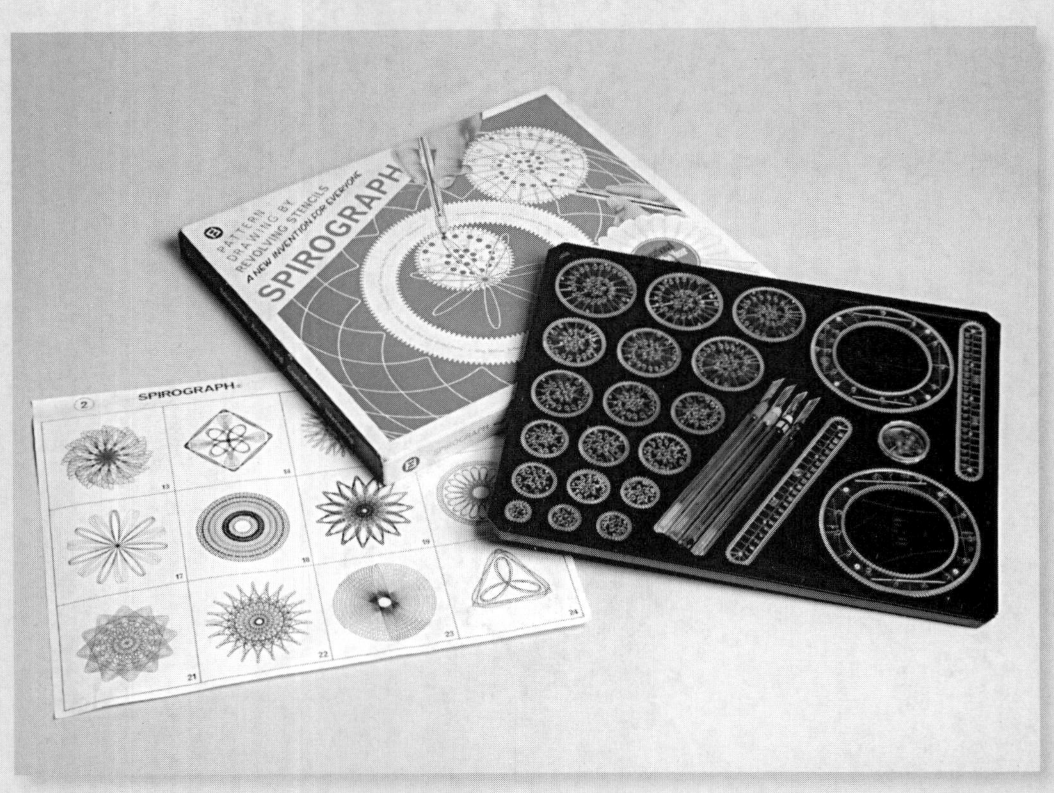

图67 Spirograph及其绘画成品，Denys Fisher，1970s

很多艺术家对这些机器绘画所具有的明显随机性和不可预测性感兴趣，前文提到的索尔·勒维特就是将作品用类似指令的方式完成。与此同时，另一种基于程序或规则的艺术形式——欧普艺术也在发展，代表人物是艺术家维克托·瓦萨雷里和布里奇特·莱利。瓦萨雷里利用几何形状和彩色图形创造了令人信服的空间深度错觉，例如作品*Cheyt-M*，其中的立方体充满了画面，并具有扭曲的曲线和对角线，从而使人产生视觉上的不稳定以及深度感和体积感的错觉。通过改变表面立方体的大小并对比各种颜色，瓦萨雷里在中心形成了一个球状的膨胀效果，然而并不清楚该形式是从画面中出现、被包含在画面中，还是被推到画面之外的。莱利在她的画布上排列了五颜六色的形状，在视觉上引起振动或运动。尽管莱利并未借助机械手段进行绘制，但其手绘的规则暗含了机械绘画所能够引发的视觉能量。

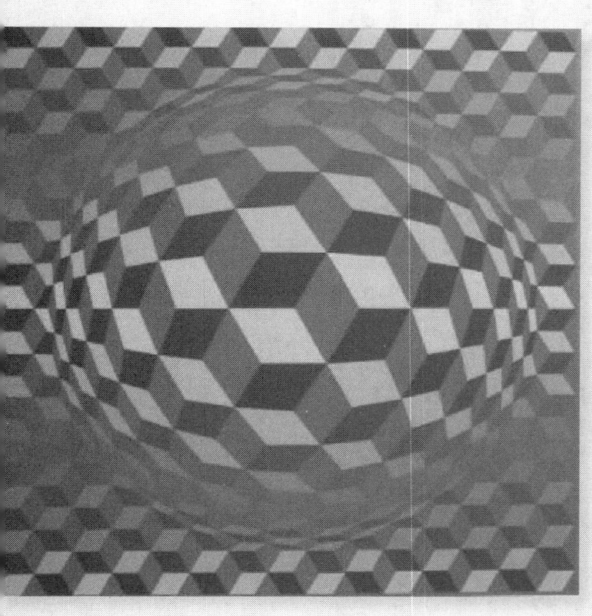

图68 *Cheyt-M*, Victor Vasarely, 1970

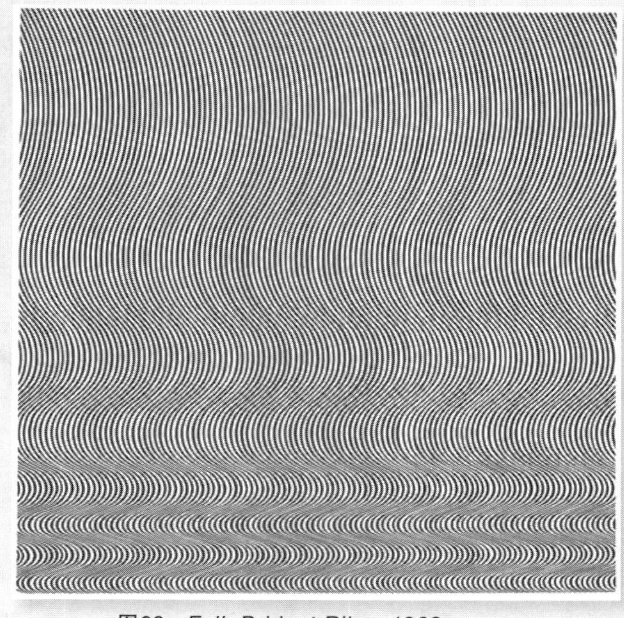

图69 *Fall*, Bridget Riley, 1963

20世纪60年代，计算机图形学的兴起催生了更多自主机器编程，于是出现了第一批控制论雕塑和机器人艺术。以“3N”为代表的艺术家开启了计算机艺术的开端，“3N”指乔治·尼斯、弗里德·纳克和迈克尔·诺尔。尼斯和纳克都在ZUSE Graphomat Z64绘图仪上完成了他们的第一批计算机艺术作品。ZUSE Graphomat Z64是一款由著名计算机先驱康拉德·楚泽（Konrad Zuse）设计的高精度平板绘图仪，完全基于晶体管技术，被在穿孔带或穿孔卡片上输入的代码控制，由两个步进电机驱动，设置两个齿轮，数字指令经由两个齿轮转换成x轴和y轴方向的独立运动。绘图可以配备多达四支不同宽度的笔，并填充各种颜色的墨水，也可以使用其他绘图工具作为配件。

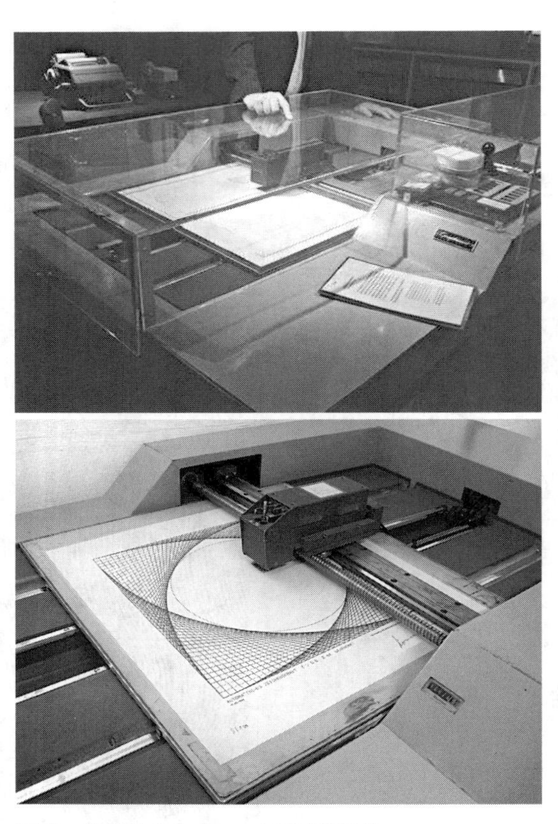

图70 ZUSE Graphomat Z64绘图仪

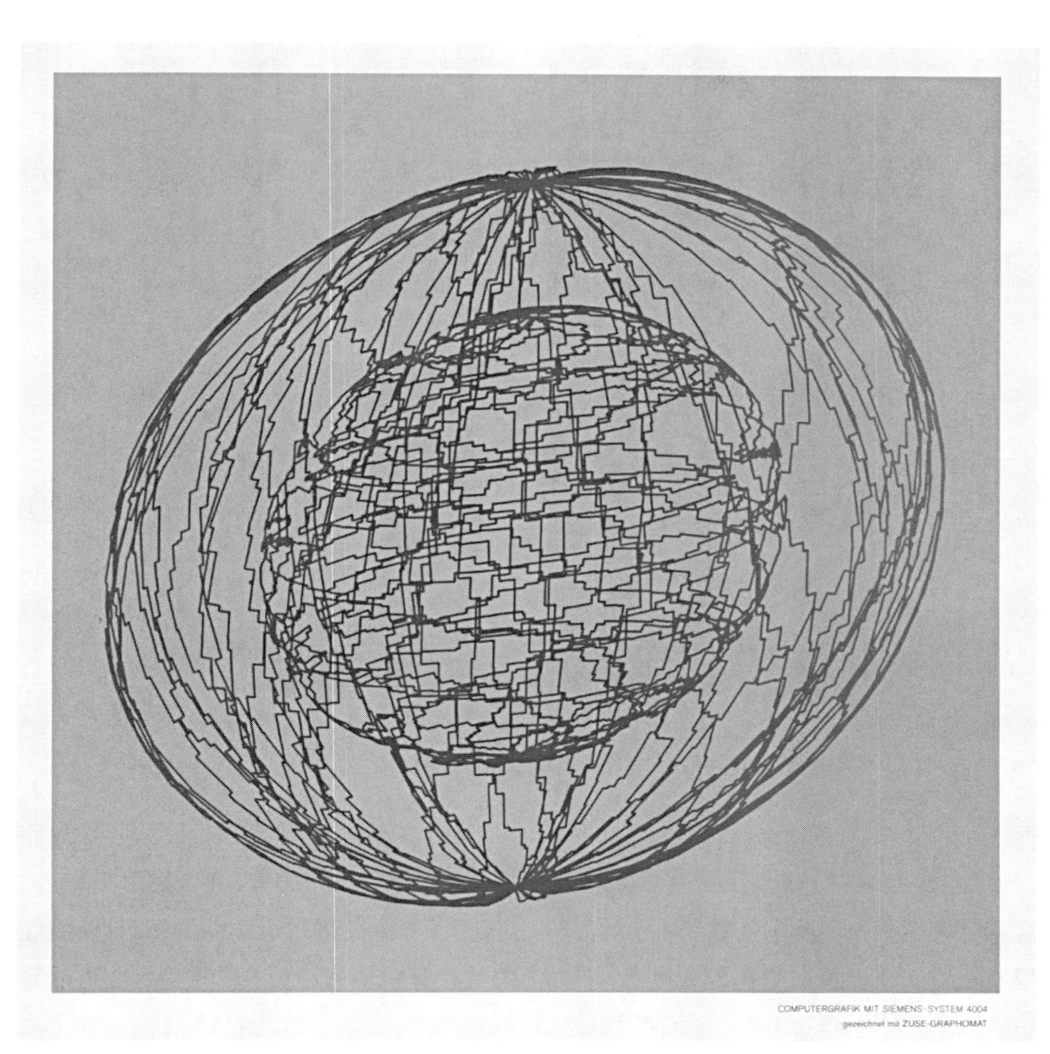

图71 乔治·尼斯使用绘图仪创作的作品，1965—1968

图72　弗里德·纳克使用绘图仪创作的作品，1965/1967

维拉·莫尔纳是最早在艺术实践中使用计算机的女性之一。1968年，莫尔纳第一次在索邦大学研究实验室接触到一台计算机，并自学了早期的编程语言Fortran，这使她能够将无穷无尽的算法变化输入机器。使用0和1的计算机语言让她可以将指令输入计算机，然后再输出到绘图仪，绘图仪用可移动的画笔绘制线条。莫尔纳早期广为人知的绘图仪图纸是一种褪色纸，通常精确标明日期并标有“为Molnar工作”字样。但在哥特式（1988—1991）系列作品之后，莫尔纳不再使用绘图仪绘图，而使用激光打印，后来又使用喷墨打印。同样还有曼弗雷德·莫尔，他于1968年开始在自己的艺术作品中使用计算机，*Random Walk*是他最早的作品之一，这幅绘图仪绘图是使用艺术家编写的计算机程序创作的。

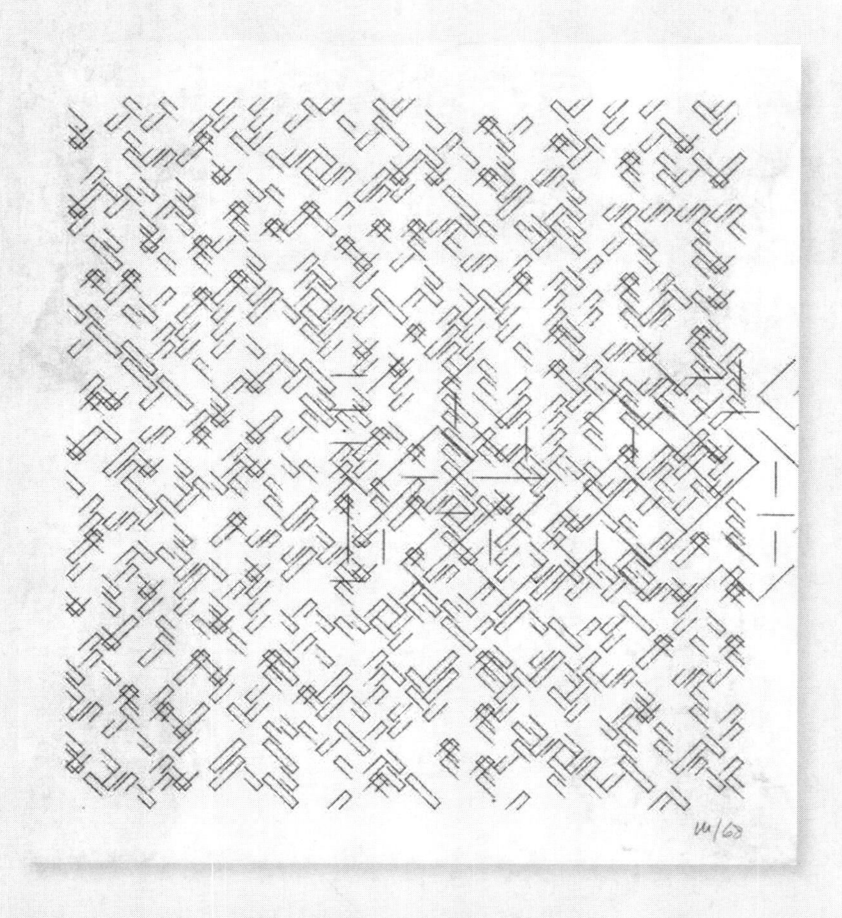

图73 维拉·莫尔纳早期使用绘图仪创作的作品，1968

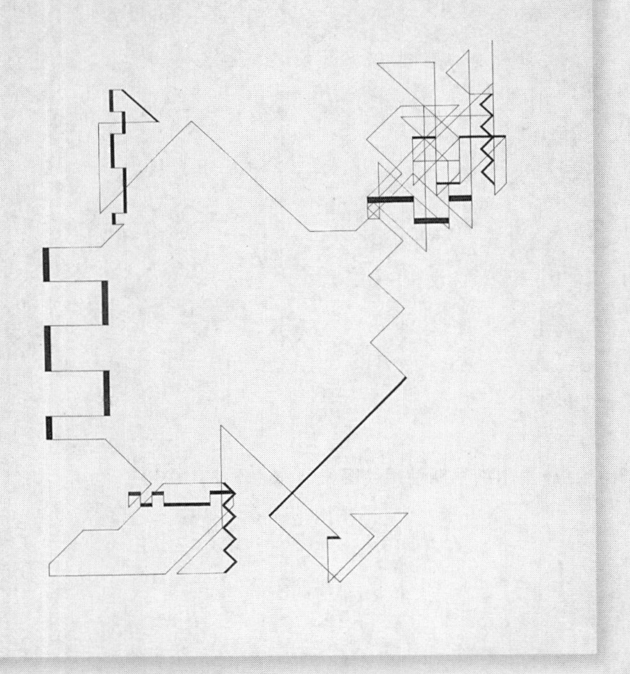

图74 *Random Walk*, Manfred Mohr, 1969

这幅绘图仪绘制的作品是使用艺术家编写的计算机程序创作的。绘图仪是一种机械设备，它装有笔或刷子，并与控制其运动的计算机相连。绘图仪是20世纪60年代后期为数不多的可用于计算机的输出设备之一。莫尔于1968 年开始在他的艺术中使用计算机，这是他最早的使用绘图仪绘制的作品之一。

哈罗德·科恩开发设计了绘图机器人AARON（1973—1990），一种旨在自主创作艺术的AI程序，这是最早也是最复杂的计算机生成艺术软件程序之一。科恩在看待AARON和自己的关系时描述道："我在写程序，程序在画图。这不是计算机辅助艺术创作，图纸完全由电脑制作。"对于AARON的早期版本，科恩写道："在1980年之前的所有版本中，AARON专门处理人类认知的内部方面。它的目的是识别用于构建心理图像的功能原语和差异，从而识别绘画和绘画的制作过程。"例如，该程序能够区分图形和地面、内部和外部，并在相似性、划分和重复方面发挥作用。在没有任何关于外部世界的特定对象知识的情况下，AARON构成了一个有限的人类认知模型。但事实证明，它所体现的生成形式在图像表现方面非常强大，通过抽象形态暗示外部世界。与任何艺术家一样，AARON系统也经历了不同绘画发展阶段。早期的形式通常类似于儿童绘画，后来逐渐发展成更具生物形态的人物。20世纪80年代，科恩进一步创新增加了AARON的知识库，添加了更多规则和形式，可以绘制出日常物品、植物甚至人的彩色形象。

图75 机器人AARON，1980

哈罗德·科恩认为机器有可能接近艺术，在近三十年的时间里，AARON完成了从绘制基本的几何形到绘制人体形态，实现了从黑白到彩色的不断进化。

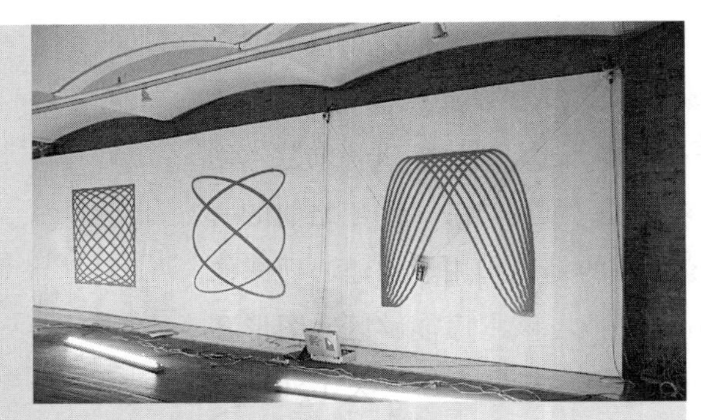

图76 Hektor Meets Dexter Sinister, 2007

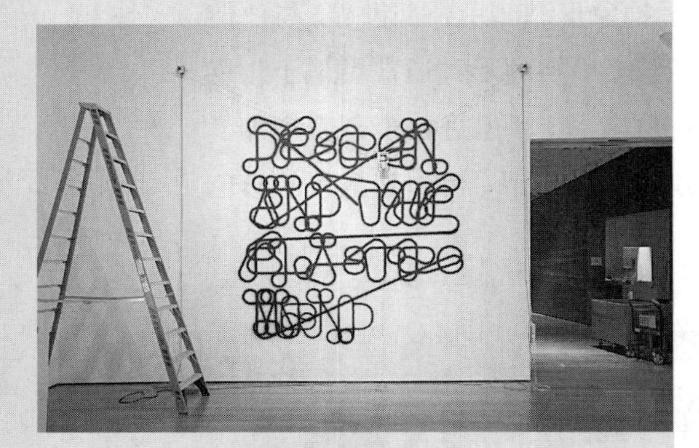

图77 Hektor Titles a Show, 2008

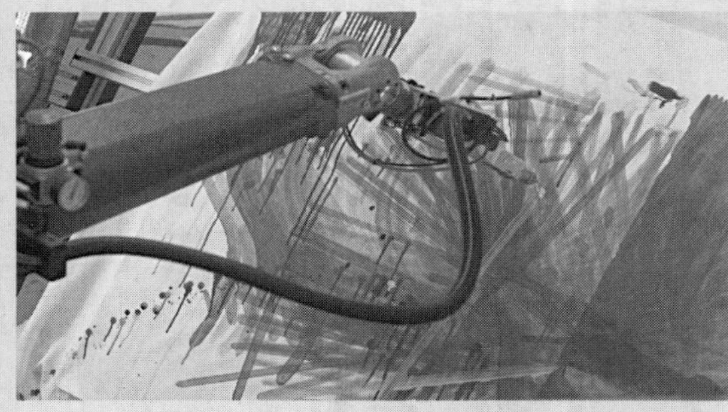

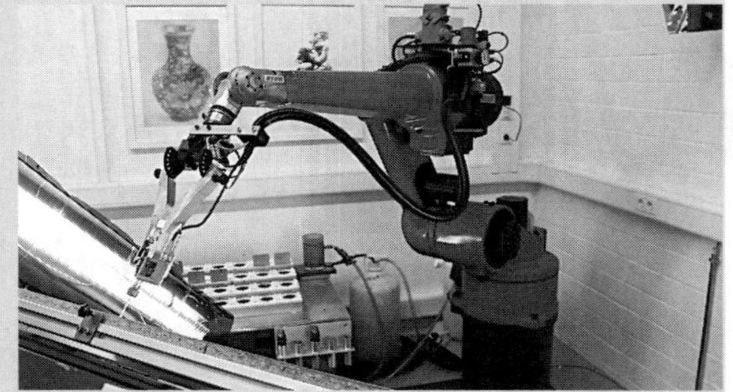

图78 绘画机器人E-David

21世纪初有许多新开发的绘图机、商用机器、基于x轴和y轴绘图的机器人和机械臂，都可以使用画笔进行操作。设计师于尔格·莱尼致力于开发新的技术和工具以拓宽视觉设计领域，其与工程师乌利·弗兰克（Uli Franke）于2002年在洛桑艺术大学合作创建了Hektor。Hektor是用于计算机的便携式喷漆输出设备，是一款极简主义绘图仪，由两个电机、齿形带和喷雾罐固定器组成。借助几何三角测量和重力，开发的定制软件可以沿着预定的绘制路径移动喷雾罐并远程激活罐的喷嘴。Hektor由软件Adobe Illustrator直接控制，可以沿着矢量图形和散布在墙上的路径进行喷雾。

机器学习和人工智能驱动的新兴系统，为绘图仪的创建开辟了新的艺术领域。E-David是康斯坦茨大学自2008年以来一直在开发的一款绘画机器人，它能够根据输入的图像计算笔触并将图像绘制在画布上。E-David最初是一个单臂焊接机器人，经过改装可以进行绘画。机器人的手臂可以在不同的刷子和笔之间转换，并配备了距离传感器，可以准确测量手臂与画布之间的距离。该项目的目标是构建一个模仿手动绘画过程的机器人，通过迭代绘画，直到获得所需的图像。所以，E-David不是一台机器，而是一个由硬件和软件组成的复杂系统。E-David不是把经过完美计算的笔画集合成一次完成，而是采用迭代方式进行绘画，将优化过程从计算机转移到画布上。这个过程模仿了人类的绘画过程，就像画家将一幅画的色调调到满意需要不断修正，而不是一次画出一幅完美的画一样。与科恩开发的机器人AARON不同的是，E-David专注于准确地表现输入的图像，而不是生成抽象艺术。

2010年之后，绘画机器的技术开始变得更加自主，简易的绘图仪已经成为部分艺术家常用的绘图用品，例如Evil Mad Scientist实验室开发的AxiDraw。AxiDraw是一款笔式绘图仪，被许多生成艺术家视为首选绘图工具。开源交互电子元件的普及，让任何人都可以尝试使用Arduino套件自制一个简单的绘图仪。在使用商业绘图仪时，艺术家关注对色彩、画笔材质、创作空间与对象及视觉形式的探索。例如，生成艺术家和人机交互研究员Licia He，通过绘图仪连接她的数字和物理绘画实践，用AxiDraw绘图仪制作她的生成艺术水彩画，专注于人机交互、数据可视化和创意。

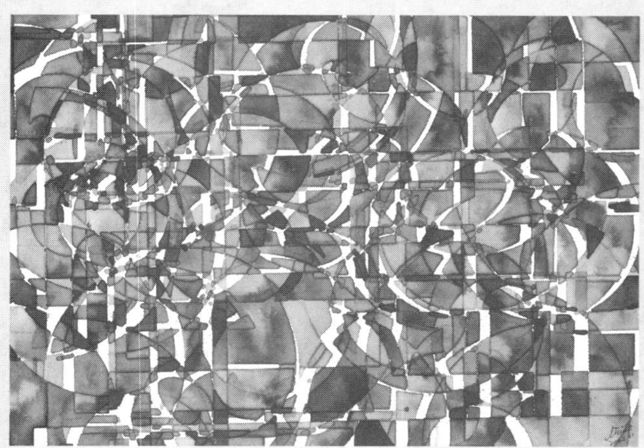

图79 Licia He使用AxiDraw制作的水彩画，2022

另外，人机协作的潜力也是艺术家关注的重点，互动性和社会参与成为艺术家使用技术的主要焦点。杰西卡（Jessica In）的Machinic Doodles是一个实时的交互式绘图装置，可促进人类与名为NORAA的机器人之间的相互协作。Machinic Doodles探讨了我们如何通过绘画的笔触来交流思想，以及如何通过学习而不是预先编程的明确指令来教机器绘画。Machinic Doodles对线条的语义以及世界各地的人们在绘画方式中出现的模式感兴趣，例如是什么让我们按照线条的顺序、速度和表达方式绘制出从一个点到另一个点的几何形，最终生成的图形只是交互的手段和记录过程，而不是目的。该装置本质上是一场人机相互比较的游戏：人来画画，机器猜测，然后画出一些东西作为回应。该装置演示了如何使用基于循环神经网络的绘图游戏，与实时人类绘图产生交互，生成一系列人机协作的涂鸦绘图。

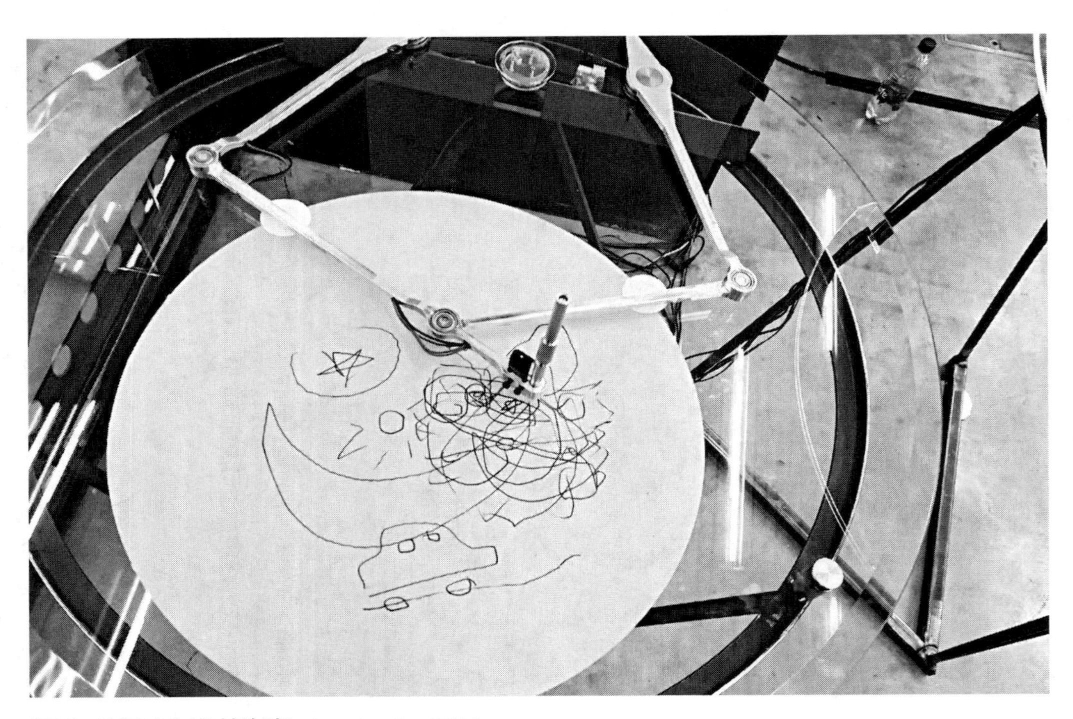

图80　NORAA [机械涂鸦]，Jessica In，2018

钟愫君(Sougwen Chung)是一位加拿大华裔艺术家，她的艺术实践以表演、绘画、静止图像、雕塑和装置为基础，致力于探索人与机器之间的协作边界。她用自己的画作训练人工智能机器，把机器学习到的自己的画作风格转移到机械臂上，使之与她同台作画。所以她的创作过程就像是两个人一起作画，把艺术家的风格和人工智能的风格自然地结合在一起，她的代表作品是“Drawing Operations Unit”系列。第一代Drawing Operations Unit(2015)是人类和机器交互协作，是这项作品持续研究的第一阶段。在第一代作品中，机械臂通过头顶摄像头观察并通过计算机视觉软件分析动作来模仿艺术家的手势，艺术家和机器之间的同步运动展示了人类和机器人共同创造的过程。第二代Drawing Operations Unit(2017)是对机器学习艺术家手绘风格的初步探索，通过收集并保存以前艺术家绘画过程中的手势，将其储存在第二代机器内存里，机械臂的行为根据艺术家的绘画手势训练的神经网络生成。第三代Drawing Operations Unit(2018)通过三个主题描述了人类和机器的叙事关系，分别是模仿、记忆和对未来的猜测。每个主题都展示了艺术家对艺术和人工智能的探索，以及不断发展的机器人行为。机器在艺术领域的地位仍在争论中，人们还在争论这些机器究竟是艺术家的辅助工具，还是就是艺术家。目前来看，在机器人艺术创作领域，一些艺术家正在把它们作为自我延伸的一种方式。

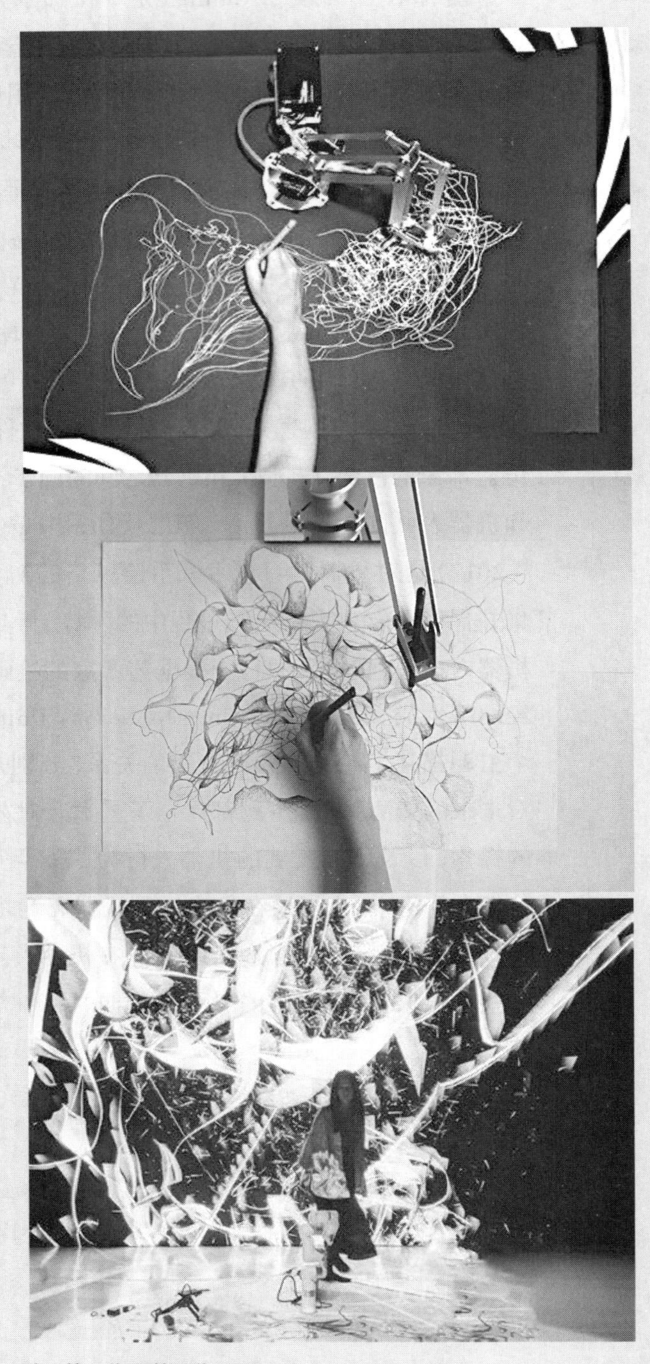

图81 第一代、第二代和第三代Drawing Operations Unit，Sougwen Chung，2013—2022

第三节 数字生成景观

数字生成景观(generative landscape)是学习创意编码或计算视觉设计实践的一个重要部分,其从方法和概念上超越了现实的人造景观。关于数字生成景观还没有形成一个完整的概念,因为除了以“地形和风景”为主的设计内容,“景观”二字也融入了其他设计领域,在词语解释中既是具象的,又是抽象的,是由不同的设计领域组合在一起的,特别是在游戏中模拟和区别现实的虚拟空间方面,景观的构建必不可少。以“数字生成景观”为结果的设计打开了景观设计的视野,体现了数字景观的生成性设计原则。

生成艺术指的是一种创造艺术的方式,而非风格。生成艺术的历史可以从计算机时代讲起,玛格丽特·波登(Margaret Boden)和欧内斯特·爱德蒙(Ernest Edmonds)认为“生成艺术”一词在20世纪60年代计算机图形自动化的背景下出现并对其加以应用。1965—1968年出现了一系列关于计算机艺术的展览,包括乔治·尼斯和马克斯·本斯主导的德国斯图加特的“Generative Computergrafik”展览、乔治·尼斯和弗里德·纳克的“Computer Grafik”展览、迈克尔·诺尔在纽约的“Computer-generated Pictures”展览、伦敦当代艺术中心的“Cybernetic Serendipity”展览和萨格勒布的“Tendencies 4”展览,第一批数字艺术家和论著相继诞生。在展览中,艺术家使用了“生成性”一词来定义计算机程序产生的艺术。到了1998年,在第一届国际会议中,“生成艺术”诞生,在米兰举办的一系列以“生成艺术”命名的会议(Generativeart.com),在推广和使用生成艺术方法方面发挥了重要作用。“生成艺术”和“计算机艺术”这两个术语在计算时代常被互换使用。

那么,计算机程序产生艺术的前提条件是什么呢?计算机艺术是由算法驱动的结果,但其核心是艺术家所制定的“规则”。所谓规则是一个人要从a点到b点,而算法则是人从a点到b点的方式。以玛格丽特·波登为代表的计算机艺术家认为,计算机艺术是由一组特定的规则或约束条件生成的,而不是由一步一步的算法生成的,即生成结果在于规则的制定,约束条件应该被置于艺术创作之上,创作受到约束并不一定会影响设计,也不会影响制作艺术品的任何方法或过程。波登还强调规则必须是具有建设性的,必须提供或暗示一个能够导致预期结果的特定过程，这是定义生成艺术的重要因素。因为只有在规则清晰、可行的情况下，艺术家才能将自己的想法交给计算机执行，这是生成艺术创作的核心。

在以规则为核心的生成结果中，菲利普·加兰特（Philip Galanter）将“生成”的概念延伸到了千年前基于特定规则的人类痕迹——南非布隆伯斯洞穴红色赭石上，他认为生成艺术先于计算机艺术，和艺术本身一样古老。尽管这些过程是由手工制作的，但它们是生成性的，因为不是由工匠决定标记的位置，而是由手工执行的基于对称性的算法[①]决定。卡尔·安德烈、梅尔·博希纳和索尔·勒维特等概念性和简约性艺术家尝试使用简单的数学系统生成作品，索尔·勒维特认为应该按照某种公式化规则进行艺术设计，把想法“变成一台制造艺术的机器”，其中“所有的计划和决定都是事先做出的，执行过程则是一件无关紧要的事情”。20世纪，作曲家约翰·凯奇（John Cage）、艺术家马塞尔·杜尚等将随机视为一种产生多种结果的生成原则，这些基于规则的艺术家的作品一部分是高度有序的，另一部分则是无序随机的。同时，许多人质疑把杰克逊·波洛克当作一位生成艺术家，物理学家理查德·泰勒（Richard Taylor）已经证明，波洛克绘画过程中颜料的滴痕和飞溅痕迹本质上是分形，是波洛克学习如何利用手腕和手臂来“发射”颜料，从而引导混乱的颜料流动，随着波洛克绘画过程的进展，他能够获得越来越高的分形维数。但其作品并非生成艺术，因为他的绘画创作中没有外部自主系统。

图82 Blombos Cave Drawing, 70, 000BC

这是在南非布隆伯斯洞穴发现的一块70,000年前的红色赭石，其表面有明显的雕刻痕迹，被认为是生成艺术的开端。

---

① 对称性的算法指加密和解密使用相同密钥的加密算法。

图83 杰克逊·波洛克绘制作品

杰克逊·波洛克的艺术具有分形特征，但其作品并非生成艺术，因为他的绘画创作中没有外部自主系统。

因此，在艺术创作中使用规则并不一定意味着艺术作品在某种意义上是生成性的，生成艺术作品至少部分是由艺术家不直接控制的过程产生的。更具体来说，应用系统需要具有一定程度的自主权。2008年，菲利普·加兰特对生成艺术的概念进行了修改与完善：生成艺术是指艺术家将控制权让给一个具有自治功能系统的任何艺术实践，该系统有助于生成一件完整的艺术作品，可能包括自然语言指令、生物或化学过程、计算机程序、机器、自组织材料、数学运算和其他程序性发明。

生成艺术不仅仅局限在视觉艺术中，还在音乐、建筑和其他领域获得了发展。生成艺术的关键要素是使用外部系统，艺术家将部分或全部控制权让给外部系统，外部系统通常是非人类的。生成艺术具有高度的有序和无序特征，有序保持了完整和规则，无序则允许灵活性与进化性的存在。生成艺术的结果具有多样性特征，包括动态与静态的形式。

建筑设计师塞莱斯蒂诺·索杜（Celestino Soddu）认为，生成艺术不是一种技术，它不仅是一种计算机工具，还是一种思考世界可能性的方式，一种激发人类创造力的方式。尽管在一些案例中可以看到前计算时代的生成艺术，但是随着时间的推移，生成艺术领域也受到了关于涌现、进化和自组织的思想的启发，这些概念来自认知科学的各个领域，尤其是人工生命（A-life）领域。人工生命不同于人工智能，是以模仿生物现象来模拟反射、行为和进化的。在视觉艺术领域，模拟动植物的生长或进化形式是用人工生命技术实现的，遗传算法与人工生命研究密切相关。

生成艺术可以被看作创造的方法，所以对于生成艺术的判断可从设定规则、外部系统和系统自主权等方向出发。系统自主权可以由一些生成艺术自主运行，也可以包含来自用户或环境的输入。

数字生成景观相对于生成艺术的概念更加具体，在视觉上更强调景观概念，但其内核仍然遵循"生成"的方法。这里将"Generative Landscape"翻译为"数字生成景观"是考虑到了自治系统的界定与区分。数字生成景观是指依托于计算机程序运行关于生物群落或其生存环境建造的艺术或设计实践，设计对象不仅包括地形、地貌、水体、动植物、建筑等物质景观，还包括色彩、材质、光影、声音等非物质景观，以及内嵌于其中的生态活动、关系冲突与人文秩序等。设计结果可以是静态的，也可以是具备时间属性的动态系统，常在游戏设计、景观设计、电影场景搭建、科普、NFT、VR场景和数字景观绘画中得到应用。

17世纪数学概念的发展成为一些数字生成景观背后的推动力。例如，从递归概念开始到班努瓦·曼德布罗特（Benoît Mandelbrot）定义的具有自相似性的分形对象，还有与分形有些关联的L-系统，都被应用于创造抽象图形的生成艺术中，用于对云、河岸、山脉和其他地貌等自然对象的模拟。20世纪60年代，在计算机图形的背景下，形成了以生成图形为主的风格。世纪之交，特别是之后20年里游戏行业的发展，使得景观成为虚拟空间构成必不可少的设计对象，虚拟不受现实边界的限制，生成性成为未知边界探索与构成的核心。一些艺术家对生物遗传学与进化感兴趣，在作品中重新呈现自然世界。近年来，随着NFT和数字资产概念的兴起，生成更加成为设计师创建数字藏品的驱动力。无论是算法系统还是设计目的，都显示出数字生成景观作品所呈现的生成性与时代特征。

分形可能是最古老、最知名的视觉生成艺术形式，分形背后的数学思考在17世纪开始形成。到了1975年，班努瓦·曼德布罗特创造了“分形”（fractal）一词，他将分形的定义简化并扩展为“一种粗糙或零散的几何形状，可以分割成多个部分，每个部分（至少大约）是缩小的整个副本”。分形几何已经在科学和工业的许多领域取得了突破——从生物学到电信，再到计算机图形学。1980年，洛伦·卡彭特（Loren Carpenter）在SIGGRAPH年会上发表的演讲介绍了他用于生成和渲染分形生成的景观的软件。1982年，电影《星际迷航 II：可汗之怒》中第一次使用了分形生成的景观。卡彭特改进了曼德布罗特的分形技术，使用随机算法生成的表面创造了一个外星分形景观，该算法旨在产生模仿自然地形外观的分形行为。换句话说，该过程的结果不是确定分形表面，而是表现出分形行为的随机表面。许多自然现象表现出某种形式的统计自相似性，都可以通过分形表面建模。

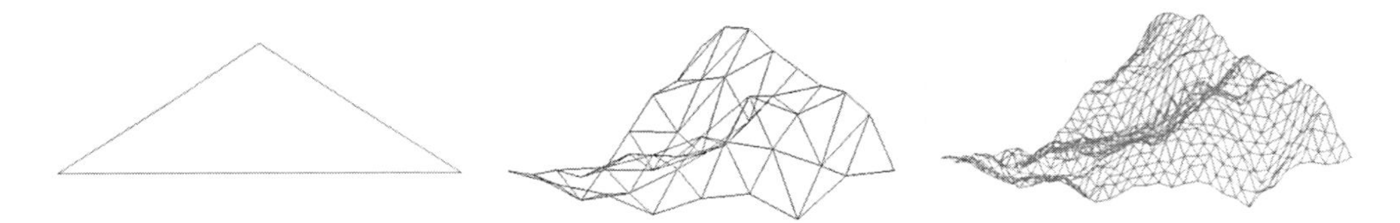

图84　使用三角形分形来创建山区地形

在以分形为特征的创作中，尤以自然景观，特别是山脉和树林为主，因为地质生成过程表现出许多层次，包括技术、沉积、侵蚀，使得景观具有分形和多重分形特征，仔细调整随机模型以匹配观察到的真实山脉的数值特征，能够产生看起来很自然的人造山脉图片。由IBM的班努瓦·曼德布罗特和理查德·沃斯（Richard F. Voss）开发的“分数噪声山”（fractional noise mountains）是数学地形合成的里程碑，分形和多重分形方法似乎捕捉到了复杂物理过程的本质。

图85 “分形噪声”山脉[1]

更明显的例子是2016—2018年琼妮·勒默西尔（Joanie Lemercier）的作品*La Montagne*，由一万四千个多边形组成。这幅作品的景象是一个被群山环绕的大山谷，但实际上近看只是一个被算法扭曲的网格。生成的景观被用来质疑自然与代码之间的联系，显示出现实可以用数学函数重新创建和模拟的效果。白天、夜晚和不同季节的循环赋予景观以生命，改变了我们对空间和时间的感知。

图86 *La Montagne*, Joanie Lemercier, 2018

① 图片来源：https://users.math.yale.edu/public_html/People/frame/Fractals/Panorama/Art/MountainsSim/Classical/Classical.html。

塞莱斯蒂诺·索杜是生成设计方法的先驱之一。他认为生成艺术是为了美而创作的，“生成艺术是作为人工生命的遗传密码实现的想法，作为能够产生无限变化的动态复杂系统的构建”。生成代码定义了如何将所有部分结合起来，以及在复杂的演化过程中这些部分之间的动态关系。生成艺术作品定义了什么是比例法则，以及动态进化将遵循什么逻辑。正如在自然生活中一样，“生成”可以帮助在一个特定时间内产生独特性、同一性和复杂性。

索杜在第一次开发生成系统时描述了设计活动的两个不同领域：设计理念（the designing idea）和设计演化（the design evolution）。第一种是人类特有的行为，第二种是机器可以模仿的行为。设计理念是一个自然的或人工的动态系统，每个人都试图通过绘制一个可能的理想事件的模型，塑造自己的想法和愿望，给现实留下深刻的印象。这是一种复杂的主观表现，是人类特有的行为，不能通过人工智能来实现。设计演化以这一思想作为演化模型，它是一系列逻辑过程，以提高性能和复杂性。在索杜的第一个城镇设计创作项目中，他尝试模拟建筑和城市设计中的进化过程，假设每个城镇、每个环境的身份和可识别性都与其进化规律密切相关，生命中发生的随机事件只能增加身份认同。云被风吹得改变了形状，不断扩大；沙丘一直在移动，改变着沙漠的形状……这种生生不息的再生现象表现出令人印象深刻和不可预知的美丽。但是云总是可以被识别为云，沙丘总是保持着沙丘的形状。尽管每个事物都是独一无二、不可复制的，但自然的基因是可以被分辨出来的。

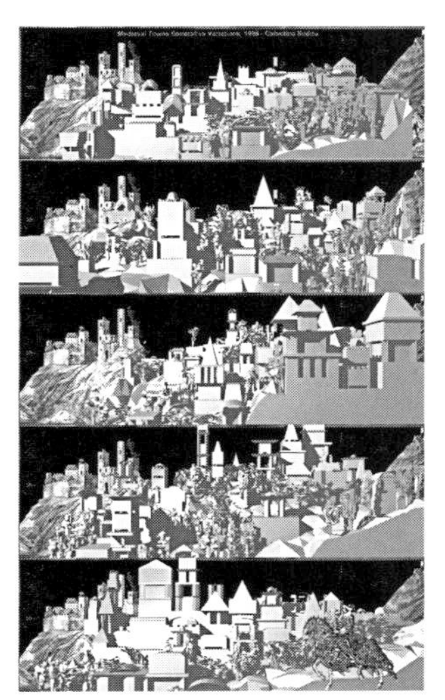

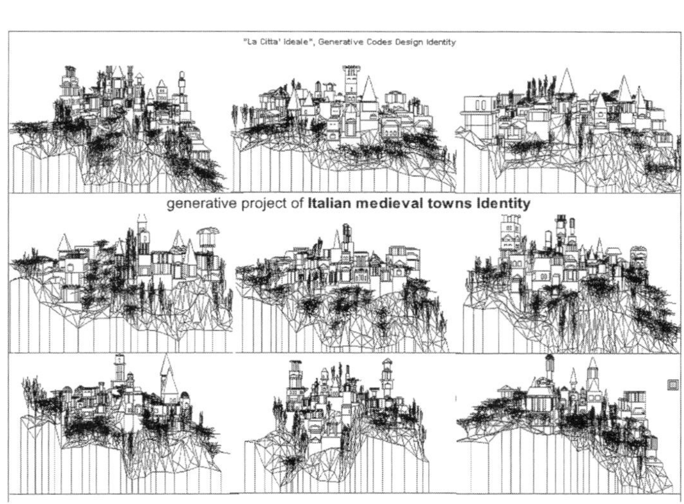

图87 中世纪城镇人工DNA，Celestino Soddu，1995

生成艺术一方面与20世纪的艺术运动保持着连续性，在概念艺术、抽象表现主义和立体主义中找寻灵感，另一方面，艺术家们热衷于在以往的绘画作品中寻求灵感，以计算机图形的方式重现或重构风景这样的画作或图像。风景具有相似性，在自然和人工干预中变迁，是致敬过去、联系现在和思考未来的重要题材。匈牙利艺术家和设计师维拉·莫尔纳被广泛认为是计算机艺术的先驱，她受到蒙德里安、马列维奇和苏黎世艺术运动的影响，偏爱简单的几何元素，并试图“以有意识的方式创作作品”。她的作品并没有试图消除所有主观性的痕迹，而是通过感官来发展，她认为感官是最根本的创造来源。莫尔纳的作品《圣维克多变奏曲》(1989—1996)向保罗·塞尚致敬，出发点是高斯曲线，将按照数学规则形成的曲线分成几部分，并逐渐对这些部分进行故意扭曲，最终实现了她想要的山的轮廓。

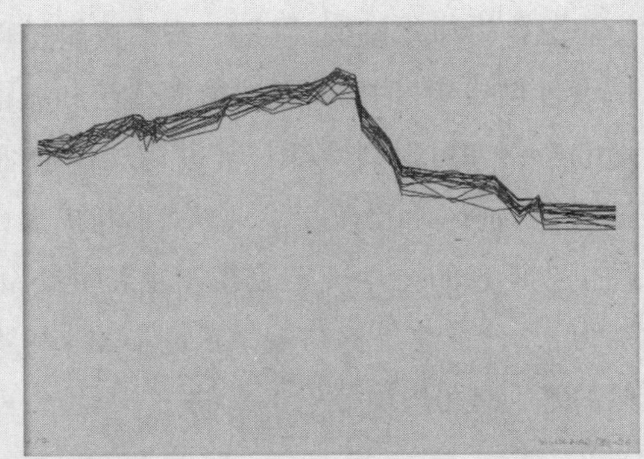

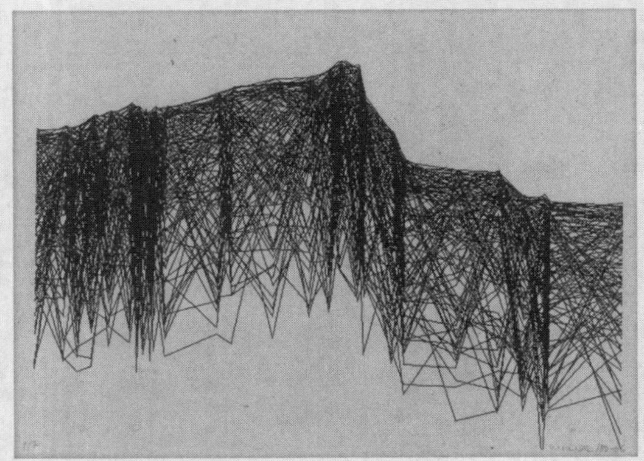

图88 《圣维克多变奏曲》，Vera Molnar，1989—1996

同样的还有莫尔纳2013年的系列作品，是向克劳德·莫奈的“Meules”系列致敬。画布上充满了倾斜度不同的小笔触，构成地面、草垛和背景，通过纠缠的直线条来简化表现形式。这些小段的直线，是想象中最抽象、最小、最不具表现力的形式，就像许多小的稻草快乐地混合在一起，让人觉得夏天炎热到了可以听到蜜蜂的嗡嗡声的地步。从这件作品中可以看出莫尔纳所遵从的通过感官来发展作品的原则。

图89　向克劳德·莫奈的“Meules”系列致敬，Vera Molnar，2013

有人将宇宙看作一套计算机系统，认为地球只是程序的一部分，而我们都是受这些程序影响而形成的随机个体。艺术家克丽丝塔·萨默尔（Christa Sommerer）和劳伦特·米格农（Laurent Mignonneau）1997年的媒体艺术作品*Life Spacies*基于生物进化理念，没有预先设计好生物形态，但生物形态的设计取决于参观者的互动和生物体的进化过程本身。人们用文本喂养这些生物发出的信息，以及生物本身的繁殖和进化改变了这些生物的外观。在这个作品中，文本作为遗传密码来创造人工制造的在线生物，这些生物可以生活、交配、进化，以文本为食，并且可以死亡。这些外部数据的输入影响了生物形态的生成过程，而设计师在编写程序时需要考虑这些数据的规则制定。

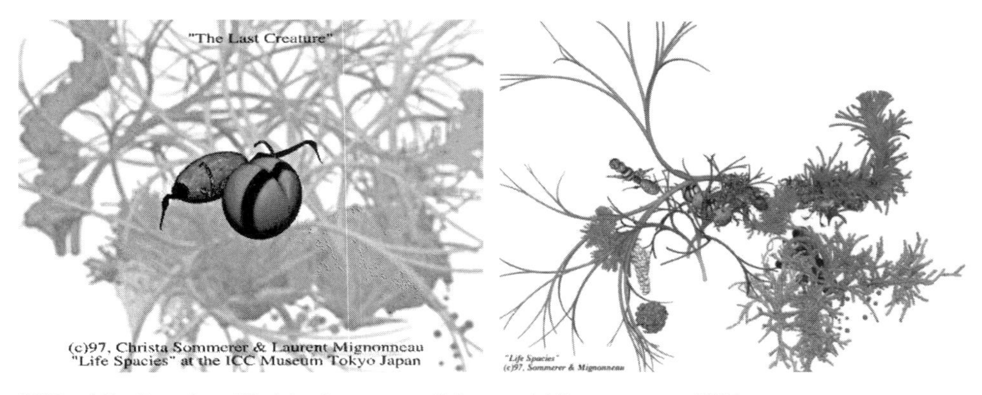

图90　*Life Spacies*，Christa Sommerer & Laurent Mignonneau，1997

这一作品使游客能够将自己融入一个由人工生命有机体组成的三维复杂虚拟世界，这些有机体对游客的身体运动、动作和手势作出反应。人工生命生物也相互交流，从而创造了一个人工宇宙。在这个宇宙中，真实生命和人工生命通过相互作用和交换而密切相关。

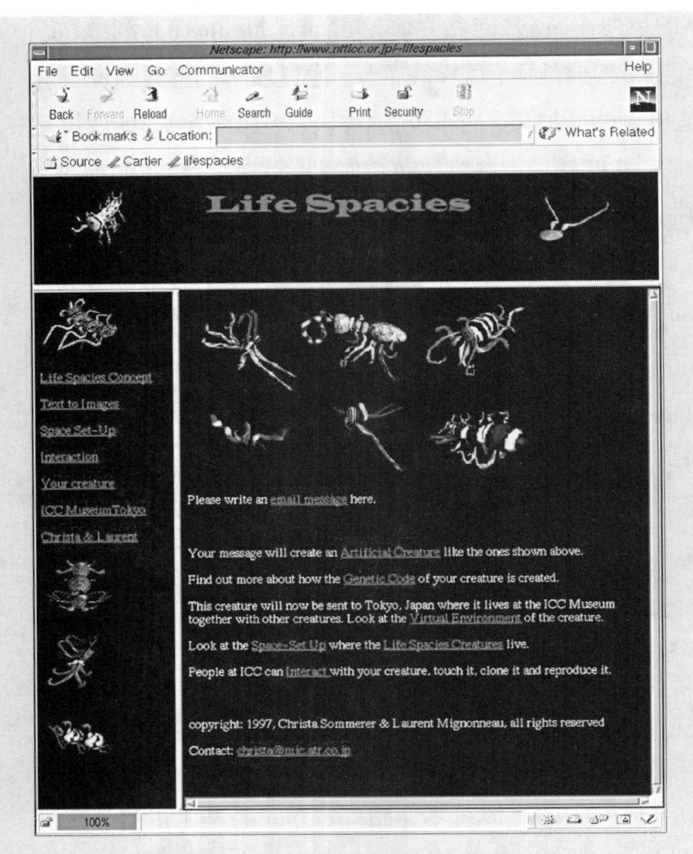

图91　“生命空间”网站

“生命空间”网站还允许全世界的人与该系统进行交互：只需从“生命空间”网站键入并发送电子邮件，就可以创建自己的人造生物。然后，这种生物将开始生活在国际刑事法院博物馆的“生命空间”环境中，现场游客可以直接与之互动。

澳大利亚艺术家和计算机研究人员乔恩·麦科马克（Jon McCormack）的研究兴趣也集中在生成艺术、设计和进化系统等领域，他利用生成系统的涌现特点进行创作。生成系统的涌现特点和生物界的生成过程具有一定的相似性，是一个不断重新配置和适应的动态过程。

麦科马克的作品*Morphogenesis Series*是对数字进化人工自然持续探索的结果，使用进化算法来创造几乎不可能直接设计出来的人工生命形式。麦科马克采用类似于选择性育种的过程来进化审美和行为特征，计算机能够发现他无法想象的细微差别和复杂性。从艺术的角度看，这体现了一定的动态的生命特性，因为它们根据环境输入参数不断变化、调整和适应。

图92 *Morphogenesis Series*, Jon McCormack, 2001—2009

作品基于澳大利亚本土物种，使用计算机进化成虚拟植物群。艺术家使用模拟生物发育的定制计算机软件，每种生物形态都是通过一种"数字DNA"进化而来的，这种DNA定义了植物在模拟环境中的生长和发育过程。最终作品将高度详细和复杂的三维几何模型渲染为数字图像。

一般来说，数字生成景观作品的视觉特征将规则隐藏在作品背后，我们看到的是熟悉和奇幻的景象，但抽象的图形构成和与地形相关的生成景观让由规则主导的想法得以浮现，例如贾里德·塔贝尔（Jared Tarbell）最著名的作品之一*Substrate*。塔贝尔说他是坐在咖啡店里看着被太阳晒伤的窗户上裂开的贴纸时编写了这个算法。这个算法和规则是简单的，但能够产生不寻常的视觉效果。线朝着特定的方向增长，直到到达限定好的域值，或者直到它们与另一条线发生碰撞时才停止；当一条线停止时，至少有一条新的线在任意位置由现有线之一垂直生成。同期艺术家莱纳多·索拉斯（Leonardo Solaas）是一个生成艺术代表艺术家，他学的是哲学，之后自学成为一名艺术家和程序员。他对生成艺术的看法探索了绘画、素描、视频和声音的半自动制作的算法过程。例如，他的*Linear Landscapes*系列揭示了与地质模式的相似之处。该算法创建了3D有机表面的错觉，从而产生了动态气氛，输入图像被用作虚拟景观来控制一群绘图粒子的轨迹。典型的作品还有德斯劳瑞尔（DesLauriers）的*Subscapes*。

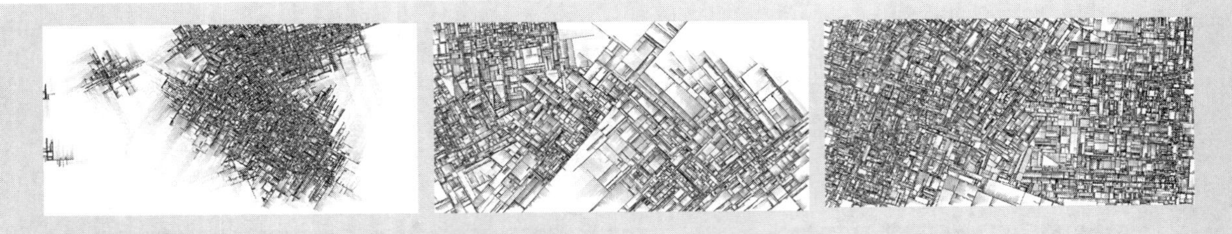

图93 *Substrate*, Jared Tarbell, 2003

*Substrate*是一款独特的生成艺术应用程序，能够在二维表面生成不断生长的图形，用简化的算法过程生成更加复杂的整体。

图94 *Linear Landscapes*, Leonardo Solaas, 2011

近年来，随着区块链和NFT的发展，生成艺术家更愿意使用计算机生成艺术作品，这种新形式通过将算法写入区块链并限制可以由该算法“打造”的作品数量来实现，每次生成艺术作品都会运行产生新的输出结果，将生成的图像直接呈现给观众。正如泰勒·霍布斯解释的那样，“包括收藏家、平台或艺术家，没有人确切地知道脚本运行时会发生什么”。同时，“铸造”新的艺术作品时，可以形成收藏家和收藏品之间的互动，艺术家能够将收藏家的信息添加到输入规则之中，使收藏家在“打造”作品的过程中为艺术作品的生成作出贡献。

德斯劳瑞尔的*Subscapes*设计最初是一个相当简单的概念：其本身是一种生成算法，每次运行时都会产生一个独特的景观，以地形图的样式展现出来，并用笔触渲染，就好像是由一组地质学家在虚拟世界中机械绘制而成的。德斯劳瑞尔在算法中添加了各种不同的特征，在ArtBlocks和OpenSea插件中显示了11种不同的特征，51种不同的可能属性，另外还有无数其他隐藏的特征和算法可能性，以实现整体多样性，例如不同特征的地形，河流、海岸景观、山峰景观和瀑布景观等；风格，最突出的变化来自渲染风格，如铅笔风格、沃霍尔风格和点彩画风格；格子地形，沿x轴或y轴的参数化地形坐标四舍五入形成随机单元大小。

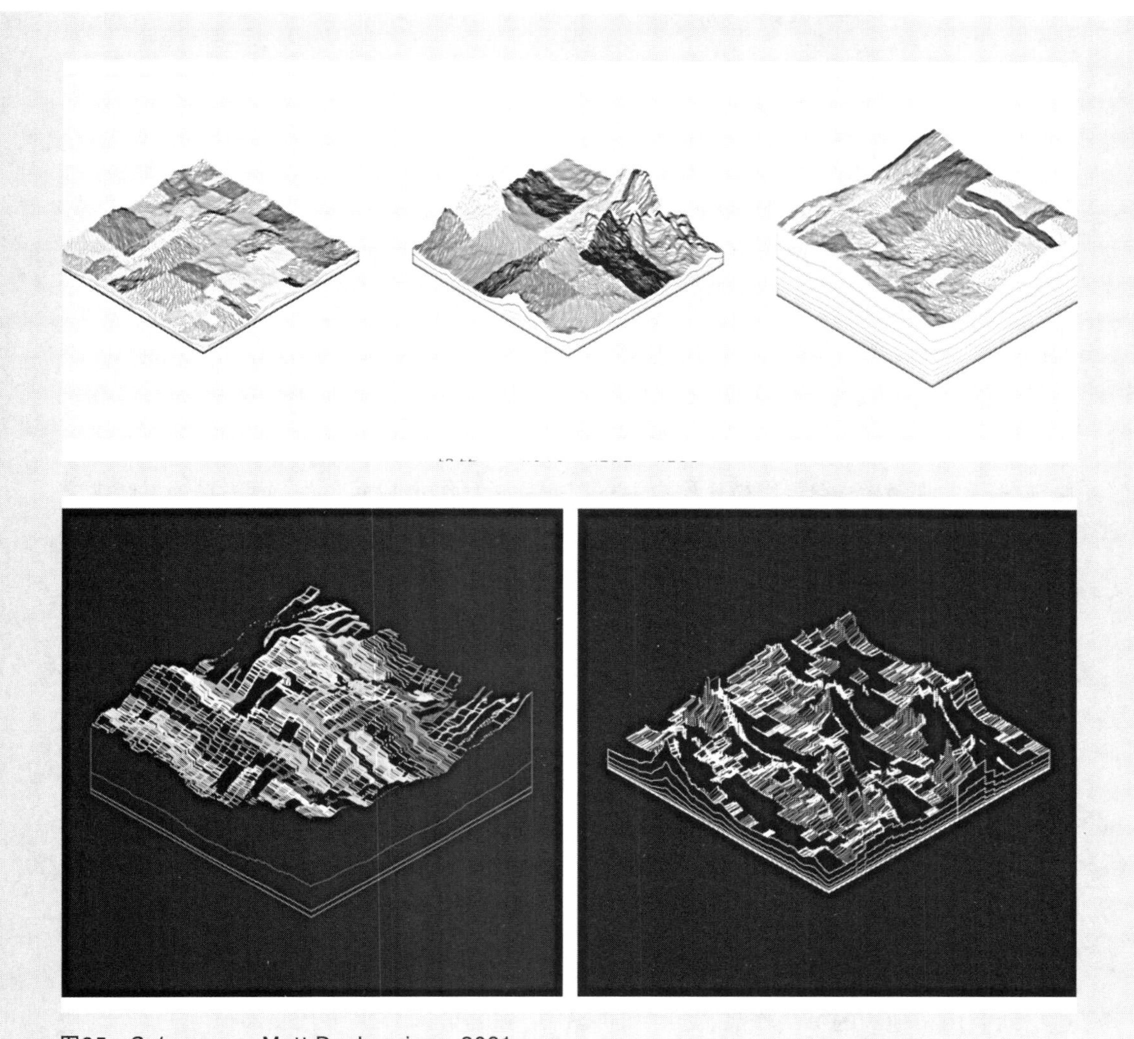

图95 *Subscapes*, Matt DesLauriers, 2021

*Subscapes*是一个生成艺术项目。在*Subscapes*中，德斯劳瑞尔使用一种算法，可以从许多可能的线条、层次和颜色中绘制风景印象。尽管该算法能够产生无限数量的独特视觉版本，但德斯劳瑞尔开发该作品是为了输出650个限量发行版本，使用确定性和随机性来确保每个版本在每次运行软件时产生唯一输出。

第四节 非语义写作

非语义写作（Asemic Writing）是一种抽象形态的文本，大多通过视觉形式传达思想。这是一种写作方式，通常显示的是优美的线条结构，而不是真正的文字。“Asemic”一词的意思是“没有特定的语义内容”，或者“没有最小意义单位”。非语义写作没有固定的含义，它的意义是开放的，每一位观众都可以去补充和解释它。就像欣赏抽象艺术作品一样，我们必须从抽象的形态中推断非语义写作的意义。非语义写作与抽象艺术的最大区别在于，非语义写作的作者通过手势控制保留了写作的视觉特征，如线条和符号。非语义写作是一种混合的艺术形式，将文本和图像意象融合成一个整体，让观者自由地进行主观解释。它可以被比作自由写作或为了写作本身而写作，而不是为了产生文本语境而写作。因为非语义写作的作品具有开放性特征，所以允许读者从语言理解中发现意义，就像不管读者自己的语言是什么，一篇枯燥乏味的文章可能会以类似的方式被“阅读”。具有象征主义的多重含义也可能产生枯燥的作品，这些作品可以是多语义的，也可以是零意义或具有无限意义的，或者其意义可以随着时间的推移而改变。非语义写作作品让读者决定如何翻译和探索非语义文本，从这个意义上说，读者是非语义作品的共同创造者。约翰·福斯特认为非语义写作非常适合个人对代码、消息传递、符号学、涂鸦、不明飞行物、麦田怪圈、未破译的手稿、亚洲书法、宗教与科学的碰撞以及未解之谜留出解释空间。

20世纪90年代末以来，非语义写作已经发展成为一场世界性的文学和艺术运动。1997年，视觉诗人蒂姆·盖兹（Tim Gaze）和吉姆·利夫维奇（Jim Leftwich）将“Asemic”这个词应用于他们的书法作品、绘画和拼贴中。施温格认为，“非语义写作”已被命名成为一项国际运动，包括广泛的出版物、展览和在线活动。

“非语义写作”在21世纪早期逐渐发展起来，但在当时的“非语义写作”运动之前，有一段漫长而复杂的历史，尤其是在抽象书法、无字书写和超出易读程度的口头书写方面。非语义写作出现在前卫文学和艺术中，深深植根于最早的写作形式中。

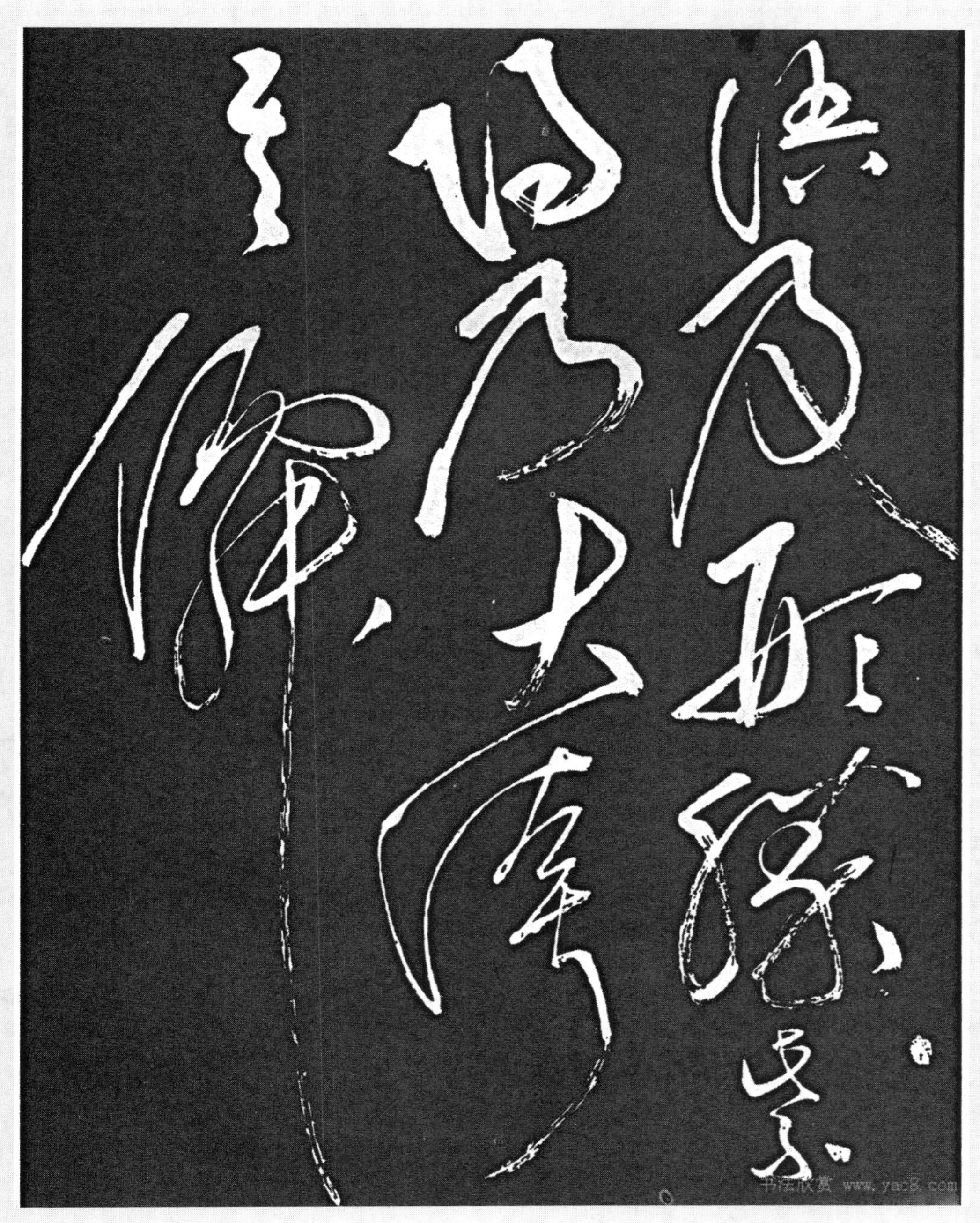

图96 书法作品，张旭，唐代

尼科尔斯·莎拉认为当今的非语义运动源于两位中国书法家：唐代书法家张旭和怀素，两人的书法张狂不羁、磊落潇洒、变幻无穷，被合称为“颠张狂素”。莎拉将两人视为非语义的历史起点，一方面可能由于草书化繁为简、点画相连的特征和抽象过程，另一方面则归于书法家写作的状态，例如张旭嗜酒如命，更爱酒后写书法，每次喝醉都会用头发当笔刷。他总是对他在醉酒状态下所写的书法作品感到困惑，但有趣的是，他在清醒的状态下无法写出这样的作品。

随后，日本书法家扩展了日本禅宗书法流派——笔禅道（Hitsuzendō），他们的作品超越形式，认为真正的创造必须来自思想、情感和无关紧要的“无心”状态。

20世纪20年代后期，受亚洲书法、超现实主义和自动书写的影响，亨利·米修（Henri Michaux）开始创作*Alphabet*和*Narration*。米修以线条呈现的潦草形式打破了文字的限制，使其成为一种写作形式。尽管米修的作品该被归类于写作还是绘画尚存争议，但这并不妨碍他是非语义写作的美学先驱之一，米修、托姆布雷和巴特的作品后来成为各种形式的非语义作品的代表性作品。

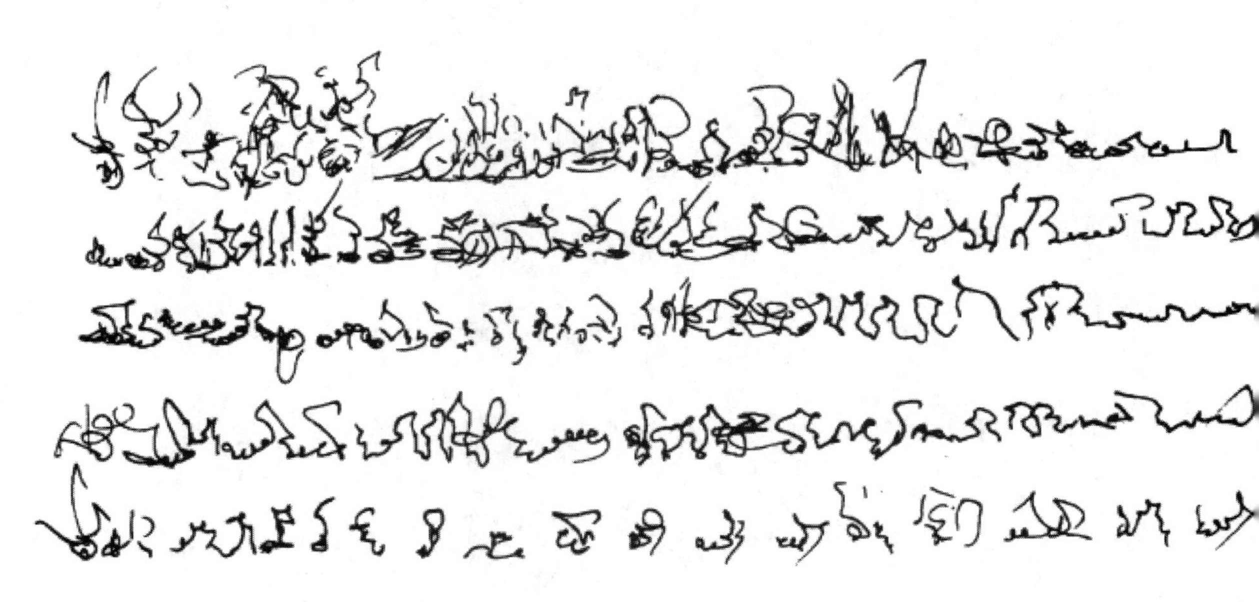

图97 *Narration*, Henri Michaux, 1927

抽象派艺术家瓦西里·康定斯基也被认为是非语义写作的早期先驱之一，他的作品*Indian Story*以线条构成为主，看起来就像是一个完整的抽象文本。

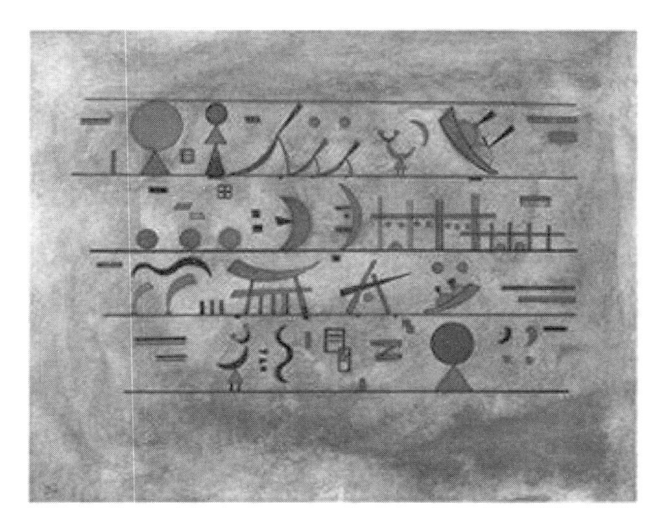

图98 *Indian Story*, Wassily Kandinsky, 1931

布里昂·基辛（Brion Gysin）的书法受到日本和阿拉伯书法的影响，伊西多尔·伊苏（Isidore Isou）和赛·托姆布雷（Cy Twombly，前美国陆军密码学家）等人也将写作扩展到了难以辨认、抽象和无字的视觉标记，为未来的非语义写作奠定了基础。

六七十年代出现了一批非语义作家，例如巴西艺术家米拉·申德尔（Mira Schendel）、米尔莎·德米萨奇（Mirtha Dermisache）、阿兰·萨蒂（Alain Satié）和莱昂·法拉利（León Ferrari）等人。与他人不同的是，曼弗雷德·莫尔和爱德华·兹杰克（Edward Zajec）通过使用代码制作了基于规则的艺术品，这些作品通常在风格上高度图形化，并以几何空间组合为特征。80年代较为著名的是路易吉·塞拉菲尼（Luigi Serafini）的《塞拉菲尼抄本》（*Codex Seraphinianus*）和中国艺术家徐冰的《天书》，将非语义的概念提升到了一个新的艺术水平。塞拉菲尼的《塞拉菲尼抄本》是由一种未知的语言、文字编写的，并配以奇异的彩色手绘插图，描述自然和人文现象的一本书。该书的书写系统基于西方的文字系统，但又与闪语族（Semitic group）文字和僧伽罗字母的形式有些关联。很多语言学家都试图破解该书的语言系统，对于作者本人来说，“也许是一段无法解读的外星人文字，让我们随心所欲地重新体验童年时那似懂非懂的感觉”。

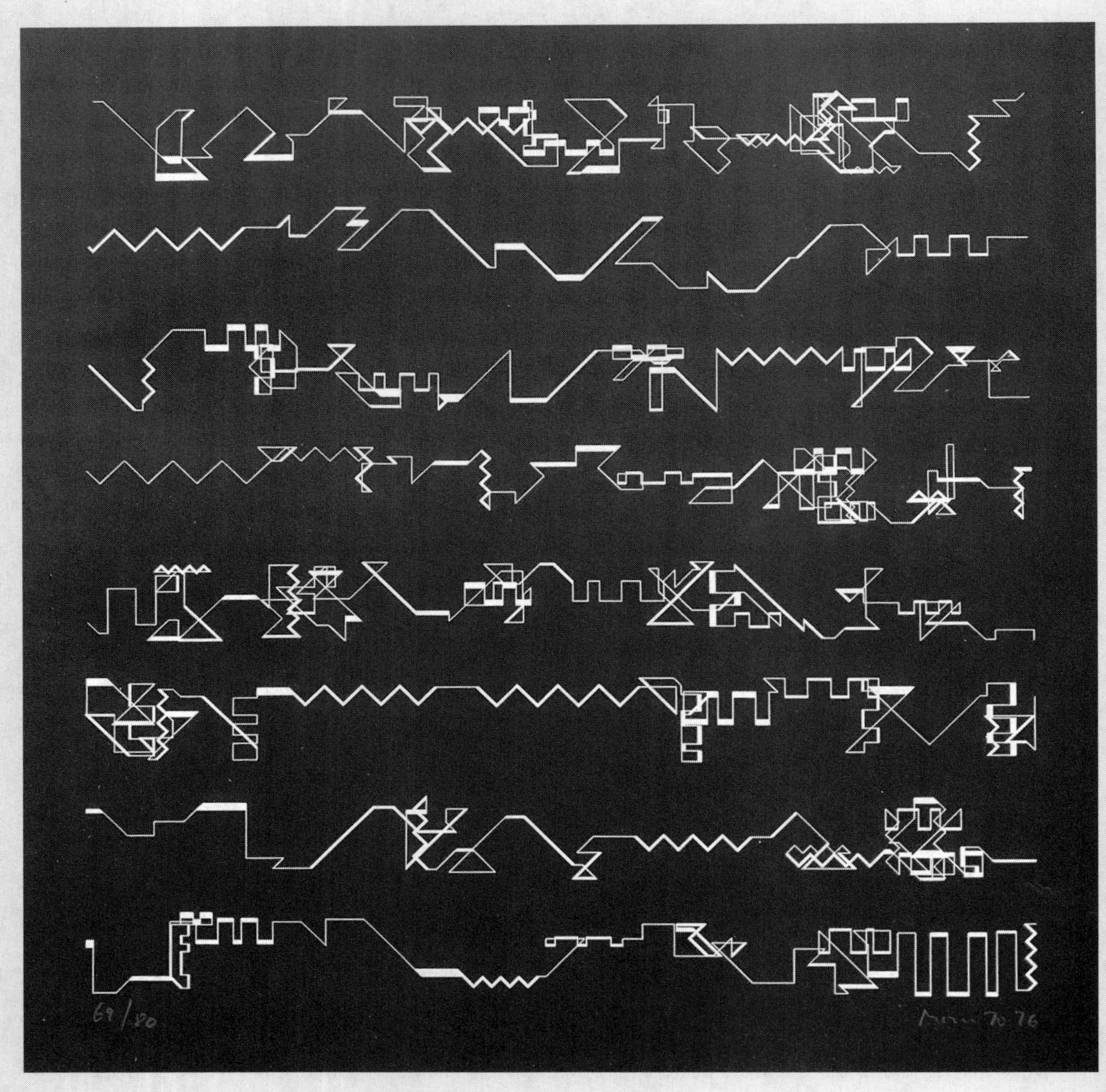

图99　曼弗雷德·莫尔使用代码创作的基于规则的非语义写作艺术作品，1970—1976

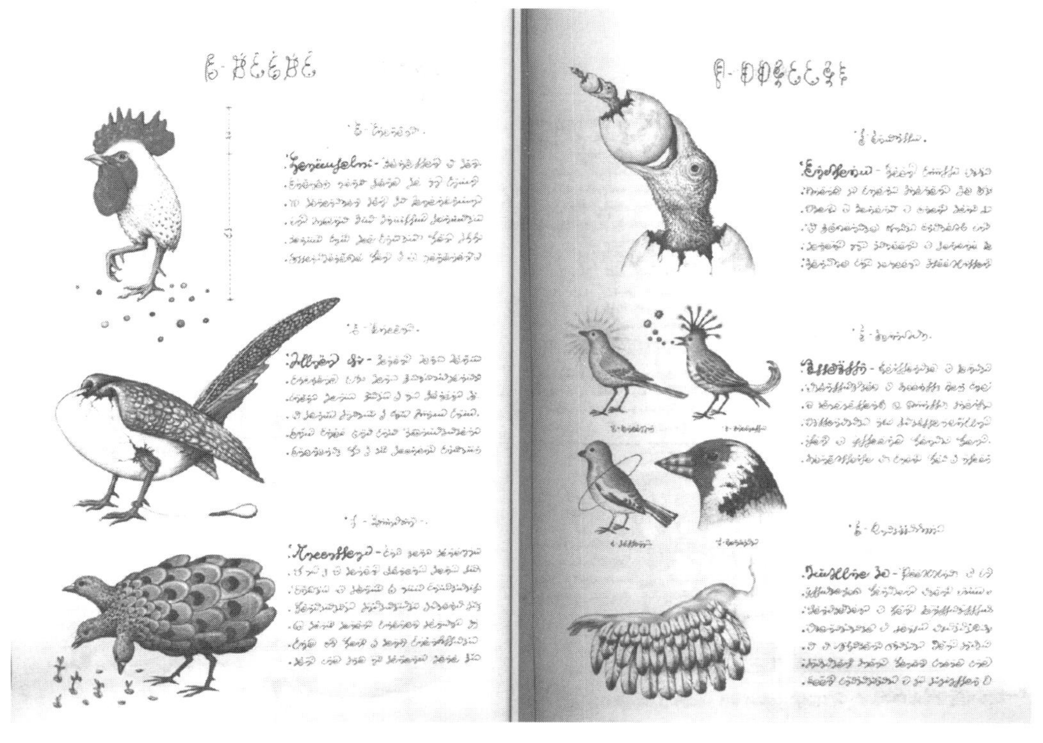

图100 *Codex Seraphinianus*, Luigi Serafini, 1981

*Codex Seraphinianus*是介于超现实主义与虚幻主义之间的艺术类图书，是实践中非语义阅读理论的典范。路易吉·塞拉菲尼为我们的世界竖起了一面扭曲的镜子，正是这些与现实世界之间的差异使它变得有趣。

徐冰的作品《天书》从1987年开始动笔一直到1991年完成。徐冰以汉字为型，创造了四千多个“伪汉字”（无语义的字符），采用活字印刷的方式按宋版书制作成册和几十米的长卷。徐冰自己评价《天书》说：“这是一本在吸引你阅读的同时又拒绝你进入的书，它具有最完备的书的外表，它的完备是因为它什么都没说，就像一个人用了几年的时间严肃、认真地做了一件没有意义的事情，《天书》充满了矛盾。”徐冰认为这件作品的关键在于整个制作过程中的态度。

迈克尔·雅各布森（Michael Jacobson）、罗莎尔·阿佩尔（Rosaire Appel）和克里斯托弗·斯金纳（Christopher Skinner）是当前非语义写作的实践者。雅各布森也是该流派不懈的推动者。雅各布森用德里达风格的术语来描述非语义写作：“就个人而言，我认为非语义写作是一种无字的、开放的语义写作形式，其目的是国际化……这种非语义写作是传统写作的影子，是传统写作印象化和抽象化的过程。它将作家和抽象艺术相结合揭示非语义写作的主要目的，超越文学表达的完全自由。”

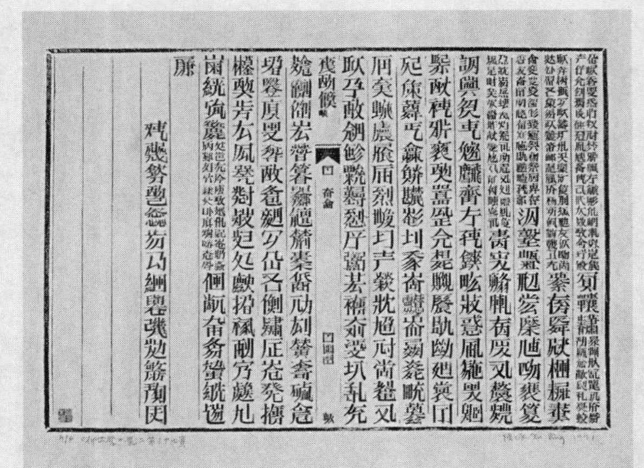

图101 《天书》，徐冰，1991

非语义写作背后的想法是创作基于类似于手写的标记但不参考语义内容或文学意义的艺术品，因此，每个“作家”都有独特的写作或制作方式，如果对不断变化的想法比较敏感，一个人的标记可能会瞬间发生变化。

当我们看笔迹时，即使无法破译它，也可以通过查看页面上的标记和节奏或标记的分布来从中获得某种视觉内容。我们可以得到一种秩序感或纪律感，可能是一种狂热的能量，或者是顽皮或草率的，又或者看起来很混乱。这可以是传达信息之外的写作肢体语言，而这种肢体语言是这些作品中最令人感兴趣的部分。

来自芬兰的当代非语义艺术家、作家萨图·凯科宁（Satu Kaikkonen）对非语义写作有这样的看法：我认为自己是一个探险家和故事讲述者。非语义艺术代表着一种普遍的语言，深植于我们的潜意识中。不管何种语言，每个人最初创造书面语言的做法都非常相似，而且要恪守规则。非语义艺术可以作为一种共同语言，尽管是一种抽象的、后文化的语言，我们可以用它来理解彼此，而不考虑背景或国籍。语义文本的功能相对有限，而且往往会产生分歧，而非语义文本能让所有识字水平不同和身份不同的人处于平等地位。

彼得·施温格（Peter Schwenger）的开创性著作*Asemic: The Art of Writing*侧重于将“Asemic”当作一种文化现象、一种稀有的现代流派和当代艺术。非语义写作的发展汲取了文学与艺术史的时代特征，不同的释义从创造目的、特征到结果，为我们提供了全方位的“非语义写作”的形象。与“传统”写作相比，非语义写作放弃了特定的语义、句法和交流。

非语义写作通常表现为抽象的书法，或类似文字但非日常我们所熟知的文字符号和图画，若确实使用了文字，则文字通常会残缺或破碎到令人无法辨认的程度，造成熟悉与混乱、语言与写法之间的模糊界限。对于创作者来说，非语义写作是内心的感受与创造力的迸发，它们蕴含了力量，但同时往往没有固定的含义，它们的含义是开放的，每个观众都可以得出个人的、绝对正确的解释。

非语义写作是一个巨大的、未经探索的领域。全世界的诗人、作家、画家、书法家、儿童和涂鸦者都进行过非语义写作。大多数人都会在某个时候进行非语义书写，比如测试一支新钢笔时。教育家们谈到孩子们学习写作时会经历不同的阶段，如“模拟文字”（mock letters）、“假的书写”（pseudowriting）等。许多人在能够写字之前就已经开始了非语义写作。人们通过书籍、绘画、卷轴、单页、信封、壁画、电影、电视和电脑，特别是互联网，来呈现非语义写作，这种以语言文字为基础的抽象形式给计算视觉设计带来了开放的、直观的命题，为计算机模拟写作提供了新的灵感来源。

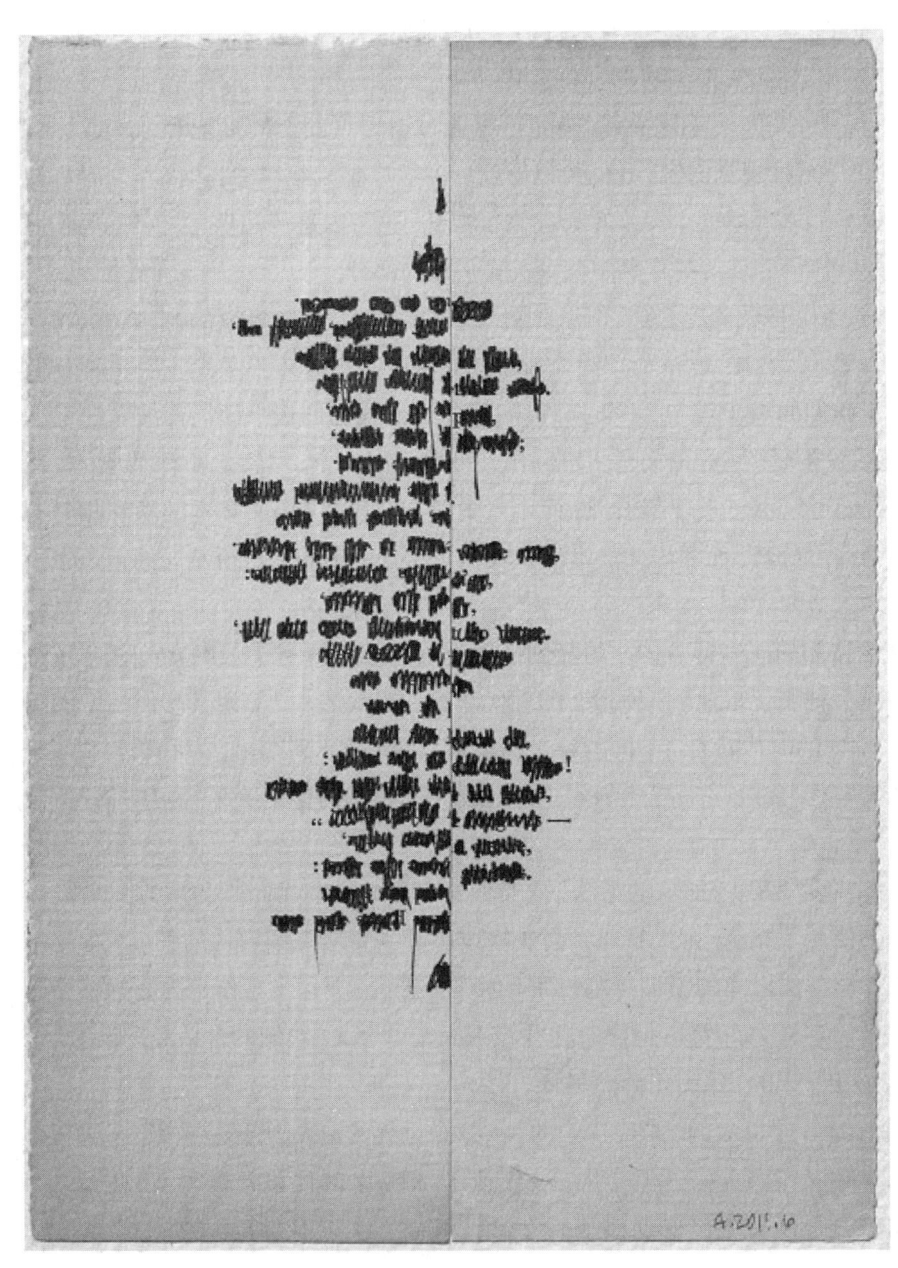

图102 *Asemic Palimpsest Poems*, Cecil Touchon, 2011

第五节 数据可视化与数据物理化

数据（data）是事实或观察的结果，是对客观事物的逻辑归纳，也是用于表示客观事物的未经加工的原始素材。数据可以是连续的值，比如声音、图像，被称为模拟数据；也可以是离散的，比如符号、文字，被称为数字数据。在计算机系统中，数据以二进制信息单元0、1的形式表示。

抽象的、非物质的和不可预知的编码世界如何与我们的感官产生关联？我们不仅需要了解屏幕中的色彩图形，还需要了解数字制造过程，使计算机图形转化成我们能够真实感受到的东西，数据成为媒介转换的内在动力。通过数字生成系统，不同的媒介通过数据传送转变为多种媒介形态，让作品成为可感知、可触摸的另一种媒介表达，丰富人们对作品的感官体验。计算机的介入使媒介的界限被打破，视觉设计的概念不断扩大。

图103 *Tōhoku Japanese Earthquake Sculpture*, Luke Jerram, 2011

卢克·杰拉姆（Luke Jerram）的这幅数据雕塑描绘了9.0级地震期间9分钟时长的地震数据。

谈及数据可视化，我们常常会想到图表、地图和其他以数字方式表达数据的形式，但是，其实在计算机发明之前的几千年，人类社会就已经出现了数据可视化设计。数据与真实世界并不一致。数据只是承载信息的载体，它本身不是真实存在的东西，我们要透过数据去找出它承载的故事。人们并不关心数字本身，他们关心的是数字背后有意义的故事。例如，乔治娅·卢皮（Giorgia Lupi）巧妙地运用视觉语言去讲述自己的故事，她的作品提供了丰富的视觉叙事性和数据，同时使这种复杂冗长的数据信息更易于被观众所理解，这也是运用数据可视化讲述故事的核心。我们过分相信数据带来的结果，但是在现实世界中，依据数据进行判断往往和真实的结果不同，就像2016年美国大选，在所有网络民调和数据模型显示下，专家预测希拉里会胜出，然而特朗普却成为美国第45任总统。《亲爱的数据》一书中记录了两个信息设计师斯蒂芬妮·博萨维奇（Stefanie Posavec）和乔治娅·卢皮一整年观察、收集和手工绘制个人数据的过程，为刚刚接触数据可视化的设计师提供了充满情感的参照范例。

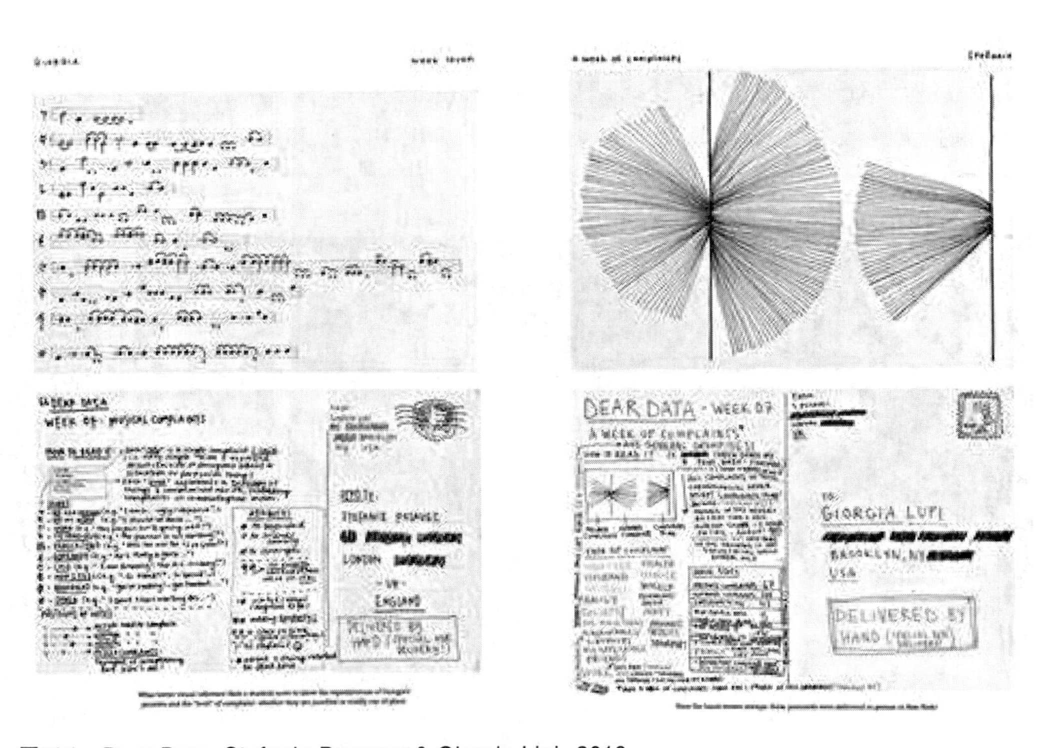

图104 *Dear Data*, Stefanie Posavec & Giorgia Lipi, 2016

《亲爱的数据》是斯蒂芬妮·博萨维奇和纽约信息设计师乔治娅·卢皮为期一年的模拟数据绘制项目。

形式追随数据

2008年左右，“数据物理化”（Data physicality）一词开始频繁出现，但初期并没有对这一术语的明确定义，而基于信息可视化的物理性探讨，是以物理方式来表达抽象信息。安德鲁·范德莫尔（Andrew Vande Moere）提出了“数据物理化”，并介绍了五种不同程度的“ 数据物理化”——环境显示、像素雕塑、对象增强、数据雕塑和其他形态，它们在抽象程度上不同于人类感官如何映射和感知数据。数据物理化2014年左右开始在国外流行。对于数据物理化，伊冯娜·杨森（Yvonne Jansen）等人提出一个问题：“为什么数据的显示和交互仍然受到像素矩阵、二维手势和键盘按钮的限制，将数据表示从平面显示器移动到物理世界是否可以创造出探索、体验和交流数据的新颖而有用的方法。”

数据物理化（或简单的物理化）是一种物理制品，通过其几何形状或材质属性对数据进行编码。通过引申，物理化也被称为产生物理化的过程（物理化就是给予数据以物理形状）。之后数据物理化又被定义为一个研究领域：研究计算机支持的数据物理表达（即物理化）如何支持认知、交流、学习、解决问题和决策。数据物理化涉及两大主题：一是通过物理可视化支持数据分析；二是通过物理对象支持人机交互。在区别数据物理化与可视化及柔性用户界面TUIs（Tangible User Interfaces）时，数据物理化的侧重点得以明确：数据物理化并没有只关注视觉表达方式，而是试图更广泛地利用感知探索新的可能性。数据物理化排除了仅仅通过平面显示器传输数据的系统，尽管它确实也包括这种设置，例如可变形的显示器，但前提是显示器能表达编码数据的几何形体或材料属性。重点是数据表达的物理性，而不是交互的物理性。TUIs 专注于信息输入和操作，而数据物理化侧重于信息输出和探索。

数据可视化的图形设计元素主要包括形状、大小、数值、肌理、方向、位置和颜色。视觉在可视化设计中占有重要地位，因为眼睛是人类获取外部信息最主要的感官。通过视觉的方式对数据进行分析强调形体、材料和空间，却忽视了用超越视觉的非传统方式进行数据编码的潜力。

形体的概念与几何体的概念类似，光线在物体上的投影会增强立体感，形体在让身体参与体验的过程中非常重要。在数据可视化和数据物理化研究范畴内，“形式追随数据”可谓贴切。“形式追随数据”源自“形式追随功能”，“形式追随功能” 是由芝加哥学派的现代主义建筑大师路易斯·沙里文（Louis H.Sullivan）提出的。他的意思是建筑的形式应该与建筑的功能或目的相关，同样，也可以设计以传达信息为目的的形式。

数据物理化是对具有几何和材质属性的物理化手工作品进行数据编码。一些早期的数据可视化作品的确是用物理化方法来跟踪量化数据的，例如公元前5500年的美索不达米亚人使用黏土标记来可视化数据。今天，我们把以物理方式表示数据称为数据物理化。与数据可视化相比，数据物理化表达方式会出现三种不同的附加设计元素——形式、材料和三维空间。这些表现手段吸引我们的触觉本能，并可以直接与身体产生沟通，利用感官感知参与建立和检索记忆，进行情感参与和触觉感知。材料是复杂的，它可以增强数据的概念，但如果考虑得不充分的话，它又可以分散数据的概念。从表面上看，材料的物理特性可以通过纹理、重量、硬度、透明度和反射率等品质来增加触摸的触觉体验，而触摸感是观众体验的最佳方式之一。从间接角度看，材料与景观和它的历史文化背景有关。例如，在地质学中，大理石是变形的石灰石，在艺术发展史上，大理石在建筑和人物雕塑中有非常多的应用。人类在洞穴墙壁上绘画之前，石雕就是最早的艺术形式之一。在文化内涵上，大理石已成为传统和精致品位的象征。

图105 *Arctic Sea Ice*, Adrien Segal, 2017

在名为《北极海冰/阿尔贝多》的艺术系列作品中，作者将北极冰的摄影图片数据转译成了数字模型。作品由CNC和玻璃铸件的窑炉铸建而成，数据概念通过玻璃的半透明材料属性体现出来。北极海水的深度通过蓝色分级色调表现，人们在玻璃里甚至会发现微小的气泡。

可视化的学科和实践的目的在于增强人类对数据的理解，可视化设计的主要目的是开发将抽象数据转换为易感知和可解释的表达形式。为此，计算机显示器已经显示出很多明显的优势，包括传达极其丰富的视觉图像的能力，以及使用户能够通过动态改变其视觉表达方式来探索数据的能力。同时，有形计算的进步说明人类可以利用自身的自然能力来感知和操纵物理对象和材料，从而与数字信息进行交互。因此出现了一个新的研究领域，该领域质疑为什么数据显示和与之交互应受到像素矩阵、二维手势和键盘按钮的约束以及是否应将数据表达从平面显示器的限制中解放出来。物理世界可以创建新颖、有用的探索，发现新的体验和交流数据的方式。物理模型和数据物理化之间存在概念上的区别。诸如实体地形模型、建筑模型或具象雕塑之类的比例模型不是数据物理化，除非它们的形状或外观的一部分可以传达抽象数据，因为科学的可视化有时是这样的。为了使有关数据物理化的讨论更方便，本书将不涉及此类纯物理模型。辨析与数据物理化密切相关的几个术语是必要的。例如，物理可视化是数据物理化的同义词。数据雕塑是表征这一新兴领域最初的术语之一，但数据雕塑通常表示旨在以物理形式对数据进行更艺术化表达的数据物理化。今天，数据物理化已被进一步定义为“研究计算机支持的数据物理表示（即物理化）如何支持认知、交流、学习、解决问题和决策的研究领域”。尽管我们定义的研究领域是通过计算机的支持，但也讨论了手工制作的物理化，因为它们通常也是用计算机支持的。此外，计算机支持可以采用各种形式，例如物理模型的建模和数字化制造，或在使用过程中动态激活。数据物理化与人机交互内部和周围的几个研究领域紧密相关。连接最紧密的是可视化，在这里我们将其用作统称，以解释数据可视化、信息可视化、科学可视化和可视化分析。可视化的总目标是研究“使用计算机支持的交互式抽象数据可视化表达方法来增强认知能力”。数据物理化与可视化存在许多共同的研究问题，但数据物理化明确关注物理数据表达的有形、物质特性。数据物理化还与有形交互领域密切相关，其实际目标是研究“将物理形式赋予数字信息，同时将物理工件用作计算媒介的表达和控制”的交互系统。在人机交互系统中，与数据物理化相关的其他区域包括环境显示、形状改变界面和个性化制作。尽管数据物理化与上述这些领域在目标和方法方面存在重叠，但它们的不同之处在于，数据物理化仅专注于数据驱动的任务，例如探索数据和数据通信，而且数据物理化和数据雕塑尤其是与艺术相关的学科（如图形设计、建筑和装置艺术）联系紧密。

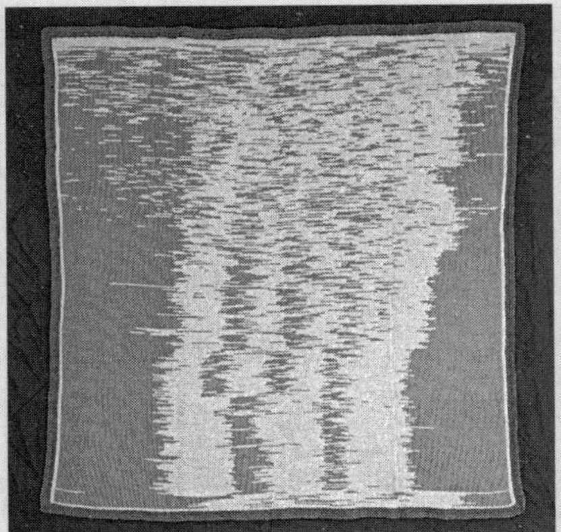

图106 《睡眠毯》, Seung Lee, 2015

这条42 x 45英寸的毯子由18.5万针组成，Lee花了三个多月的时间才完成。他跟踪自己的儿子从出生到一周岁的睡眠模式，每行代表一个日子，最上面的一行标志着婴儿出生的日子，最下面的一行是婴儿的第一个生日。每针代表六分钟的醒着（灰色）或睡着（蓝色）的时间，所以毯子从左到右被“读”取，最左边的一针标志着上午12:00，最右边的一针结束于晚上11:54。作品很好地显示出小家伙逐渐适应有规律的睡眠过程，既展现出一个很好的视觉效果，又是一个独特的纪念品。

发展历史

数据物理化是随着人类文明的发展而发展起来的，而信息是基于给定数据的语言和思想，信息的物理化的表现手段远早于可视化所使用的平面载体。在技术还没有获得充分发展时，对于信息的记录使用的是原始的自然材料，数据被嵌入具有原始形状的物理对象中，通过加工，使形状本身具有象征意义和符号化特征。早期的物理化具有以下特征：①起源与考古密切相关，特别是考古学中对于符号表征的研究。②由于物件的磨损并缺乏记载，信息与事件及事实的比照模糊不清。③具有强烈的地区特征。古巴比伦、埃及、希腊和中国都发展出了以视觉或物理形式来表达信息的方法，其物理化目的及表达方式依附于当地的文化与工艺，在文化交流中也实现了区域间的传播，例如水钟。④通过手工方式制作物理化作品，以及使用手动排列物理对象的方法。

图107 美索不达米亚黏土代币，5500BC

最早的数据可视化可能是物理的，是通过排列石头或鹅卵石实现的，后来是黏土代币。黏土代币表明在纸和文字发明之前，实物可以被用来外化信息、支持视觉思维和增强认知方式。

在技术尚未成熟之前，人们通常为了理解一个复杂的系统而建立模型。19世纪的科学家将物理表征作为有机化学和热力学的基本教学和研究辅助手段，其中常用的物理化形式是石膏模型与分子模型。随着科学技术和统计学的发展，1900—1950年被称为数据可视化现代“黑暗”休眠时期，但更像是沉淀期、应用期和普及期，而不是创新期。数据物理化领域亦如此。在这一时期，统计图形成为主流。数据物理化不仅仅停留在基于学科发展的物理模型的建立上，而是扩展到科学研究与城市发展等领域，并且物理化创建也开始注重视觉效果。

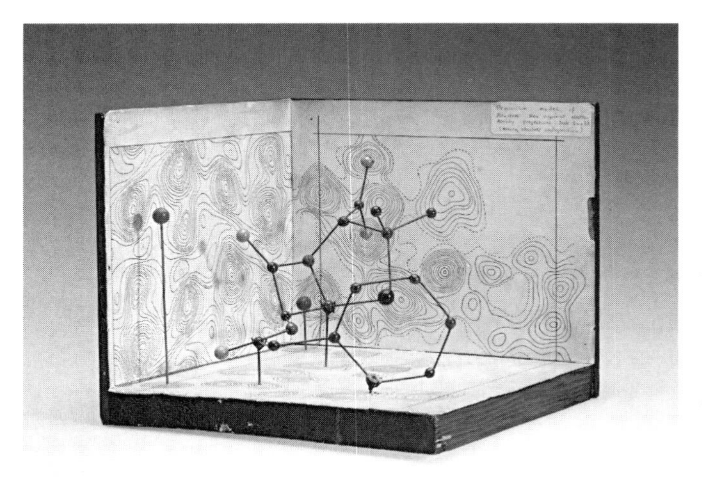

图108 青霉素的电子密度图和分子模型，Dorothy Crowfoot Hodgkin，1945

多罗西·克劳富特·霍奇金（Dorothy Crowfoot Hodgkin）于1945年根据其在X射线结晶学方面的工作创建了青霉素的电子密度图和模型。

从上述作品可以看出手工制作数据物理化作品非常耗时，且可能存在数据误差。但随着数字制造技术的出现，数据物理化作品的创建变得容易，更准确和视觉更丰富的三维数据物理化能够被创建。

早期为数不多的计算机雕塑之一是1968年库苏里（Csuri）的木制雕塑《数字铣削》（*Numeric Milling*），是用计算机驱动的铣床完成的。这项工作利用贝塞尔函数生成表面，然后，计算机程序生成一个穿孔带，以表示坐标数据。另外，还有利用计算机动画与物理化的长方体相结合的教育视频，演示了1801—1961年巴黎地区人口的变化情况。这些都是早期计算机的驱动和参与数据物理化的主题制作。

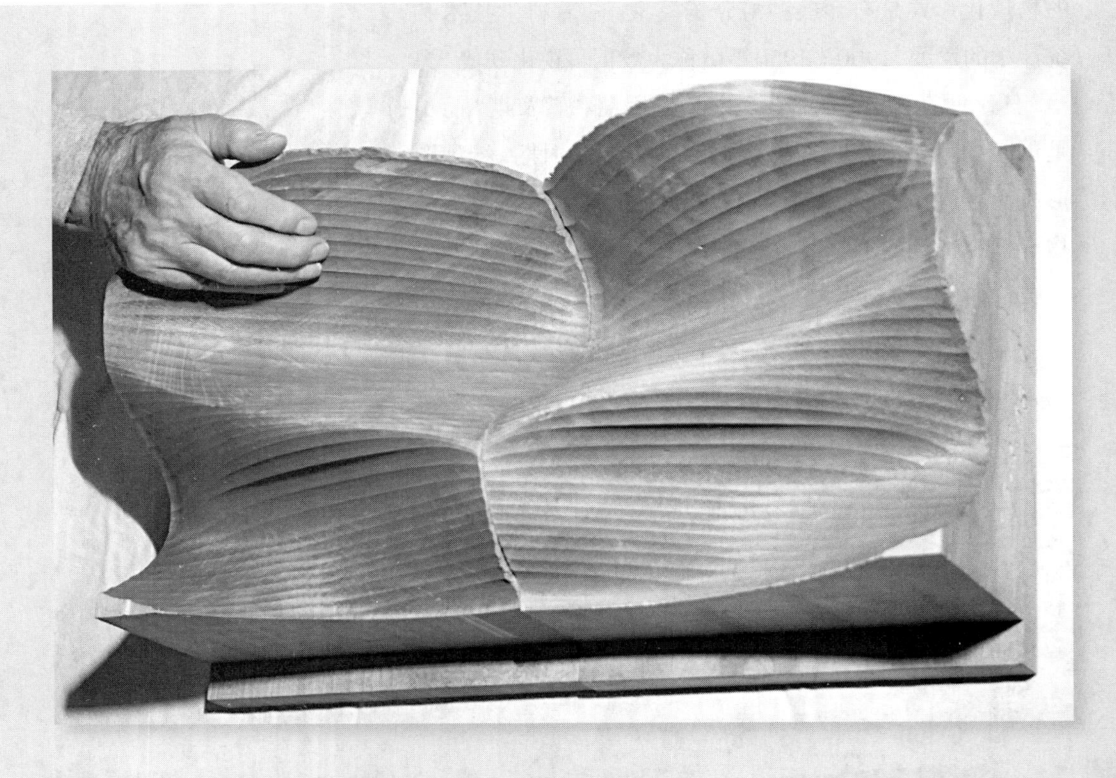

图109 《数字铣削》，Csuri，1968

库苏里的木雕《数字铣削》是为数不多的使用计算机驱动铣床制作的早期计算机雕塑之一，也是早期计算机驱动的数据物理化作品。

1975—2010年，随着数字技术的成熟及艺术家对于计算机技术的掌握，主动式参与开始逐渐出现在物理化作品创作中。数据物理化作品的创作充分利用计算机的计算特点，在具体视觉效果的基础上开始呈现参与、动态、交互、实时的特征，并向公共领域开放，或成为室内外艺术装置的一部分。

数字制造技术的不断进步使得人们能够轻松、快速、廉价地生产出实物，像激光切割机和3D打印机这样的机器能够精确地制造出具有不同形状和材料的物理可视化效果。来自圣地亚哥超级计算机中心的迈克·贝利（Mike Bailey）是将3D打印技术用于科学物理可视化的先驱。1995年，他创建了SDSC远程制造设备，帮助科学家以物理形式可视化他们的数据。该设施使用层压制造技术，对分子、物理、地质、解剖和数学数据进行了大量的科学物理可视化。参与该项目的生物学家、化学家获得了无法从屏幕上的3D模型中获得的真实感受，认为“现代的物理模型是重要的工具，可以极大地扩展对现代三维计算机图形的分析，可以获得对蛋白质组装的了解”。随后，3D打印技术也逐渐被用于数据雕塑的制作，以及个人表达与情感沟通。

图110 San Diego TeleManufacturing Facility, 1995

1995年，圣地亚哥超级计算机中心的迈克·贝利创建了SDSC远程制造设施，帮助科学家将数据可视化为物理形式。

图111 Marble Answering Machine, Durrell Bishop, 1992

参与式物理化作品面向广大观众，通常在科学博物馆、美术馆和其他展示数据驱动装置的公共场所内进行。参与式物理化作品代表着使个人意志变为数据的一部分。例如，《物理条形图》于2005年在诺丁汉的天使街画廊巡回展览“日常数据”中首次出现，向观众展示了200万个透明管，其中包含按钮徽章，每个徽章上都有特定的消息，访客会被提示提问以帮助自己获得徽章。当他们这样做时，透明管中的水位会下降，回答问题并出示反向条形图，以显示徽章及其上描述的活动的受欢迎程度。这种参与式物理化作品使人成为流动的数据，对于调动人对主题的认识很有帮助。

物理化的交互，意味着触觉的激发。1992年，当时还是皇家艺术学院学生的杜雷尔·毕晓普（Durrell Bishop）提出了一种原始的答录机设计方案，被认为是首批有形用户界面（TUIs）之一。每录下一条语音信息，机器就会吐出一颗弹珠，弹珠的顺序表示消息到达的顺序。把一个弹珠放在一个小凹痕里就可以播放信息。如果留言是给别人的，可以把它放在旁边的一个小盘里，上面贴上不同人的名字。电话本身也有一个很小的弹珠接收区，通过在那里放置一条信息，最初的来电者就可以得到回拨。

自2010年起，艺术化与话语表达数据已经不再满足于单纯的物理表现，而是开始加入人文、情感等元素，并且期盼能够在物理化结果中感受数据背后的交流。因此，许多数据驱动装置在具有艺术目的的基础上，还能够在传达意义的同时引发观众反思。

数据的物理表达可以针对视觉或触觉以外的其他感觉，例如听觉，这就涉及“声音物理化”。声音物理化作品可以追溯到20世纪60年代，但利用技术驱动与关注自我情感表达的作品活跃在2010年左右。《唱歌碗》是根据艺术家一年的血压读数数字成型的，并用不锈钢3D打印，其音高和音色是记录数据的函数。《听觉指南针》是一种使用3D打印技术从数字数据集创建的不锈钢圆盘。由个人HRTF数据集制成的纪念章可被做成独特而个性化的珠宝作品。相关传递信息函数（HRTF）描述了每个耳朵如何从空间的不同点接收声音。因为每个耳朵的形状都是独一无二的，所以它的HRTF也是独一无二的。纪念章的一面显示来自左耳的数据，而另一面则显示来自右耳的数据。数据雕塑是数据对象艺术化的一种体现。根据前面对于数据雕塑的定义，具有艺术性的物理可视化通常被称为数据雕塑，所以数据雕塑提供对于美学和视觉效果的评判标准。另外，数据可视化的载体更加丰富，数据呈现的环境空间被无限放大，生活中的任何元素都可以成为数据可视化的表达媒介。

图112 *Hypertension Singing Bowl*, Stephen Barrass, 2013

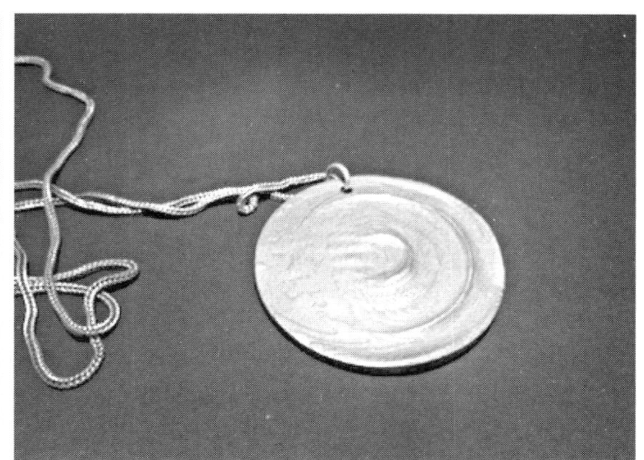

图113 *HRTF Medaillon*, Stephen Barrass, 2011

关于数据雕塑的作品，如创造了一个房间大小的世界人口密度的物理可视化模型，2011年中国成都双年展将这一空间可视化变成了一个实体装置。创作者用一种倒排的地图模拟了整个世界的人口分布，游客可以在一个10×10英尺高的房间里体验，天花板上是北美，一面墙上是亚洲，一面墙上是非洲。这种形式提供了类似于沉浸式体验的效果。另外，还有利用投影与数据雕塑结合的装置。例如作品《基于推特数据的增强投影热度地图》由17个对象组成，每个对象代表在奥运会的一天中收集的所有推文，用户可以使用交互式控制器浏览这些主题，此作品是实时投影、交互、数据雕塑的多重结合。

图114 《墙上的人口密度》，Hsiang & Mendis ，2013

两位耶鲁建筑师Hsiang 和 Mendis创建了一个房间大小的世界人口密度物理可视化模型。

图115 《基于推特数据的增强投影热度地图》，Moritz Stefaner,Drew Hemment & Studio NAND, 2010

图116 *London Eye Chart*, 2015

2015年英国大选前一周，设计工作室Bompas&Parr和Facebook将伦敦的摩天轮变成了Facebook上讨论最多的政党的巨型圆环图。

数据物理化叙事指的不是以主题的选择和合适的视觉形式应用来进行的叙事，而是教育性叙事。这种叙事手法要求演讲者进行现场讲述。例如，汉斯·罗斯林（Hans Rosling）以其关于人口增长和收入不平等的精彩演讲而闻名于世，自2010年起，他开始使用物理可视化讲故事。他从堆放宜家盒子开始，然后使用各种熟悉的物体，包括鹅卵石、玩具构造工具、果汁、雪球甚至厕纸。物理道具吸引了大部分公众的注意力。这种叙事手法中的数据表达由单位元素组成，演示者在解释数据的同时操纵这些元素，以强调它们想要传达的信息。观众也可以实时观察数据是如何随着演示者的动作变化而变化的。

图117　日常生活数据物理可视化，Hans Rosling，2010

汉斯·罗斯林通过大部分公众都会想到的实物道具，呈现了日常生活中的数据。

数据物理化经历了自发、实用、科学、计算机驱动、动态数据参与到艺术化特征的历程，从过去到未来，科技都是这一发展过程中的重要支撑。在这一转变过程中，数据概念发生了变化，早期的数据即事实，是零散的、缺乏上下文解释的数据，体量小，类似于行为数据、小范围的实用性社交数据；到了后期，数据的类型向计算型的大数据靠拢，使得物理化实践的主题更加多样、复杂，这时候数据即符号，数据代表着某个对象、事件或所处环境的属性。另外，数据物理化实践领域也由自我记录与简单的社会交流到天文学、物理学、数学等学科，体现出以教育为目的的探索意识。由于计算机技术的介入及社会沟通变得广泛，数据物理化开始出现在各个公共领域，更加关注社会发展态势、生态及个人情感的表达，数据与信息转化为物理形式。由于早期材料的限制与无意识选择，数据与形式之间很少存在联系，其对应关系相对简单，特别是以计量为目的的物理化表现作品一般以一对一的方式存在。但到了今天，色彩与形状和信息与数据之间对应的转换与联系越来越复杂，在学科教育的发展下，物理化形式与模型的数据与基本结构产生了联系，这时候是理性的模型；当物理化的实践开始关注其他主题，例如城市的发展，数据向形式转变时开始考虑视觉效果；到了2000年左右，创作者开始关注数据本身的情感，试图使用并找到和这种情感相匹配的材料与空间。

如何创建数据物理化

在数据物理化的实例中，大多数物理化使用的是触觉和视觉，这也是最常见的感觉组合，而使用声音、味觉和嗅觉的物理化相比之下很少。物理化使用了许多不同的材料，但很少发现材料选择和数据来源之间的联系。大多数数据物理化使用存档或实时数据，只有少量数据物理化作品允许与用户交互。数据物理化大都是为了休闲目的而设计的，出于功利或实用目的而设计的数据物理化作品不多。功利或实用主义的物理化作品倾向于有更多的形态，更多地使用动态数据，并且更具交互性。目的性不那么强的物理化作品则往往有更少的形态，更多使用静态数据，而且是非交互式的。这些问题可能会影响整个创建数据物理化过程中的设计决策与定位。

设计师阿德里安·西格尔（Adrien Segal）把创建数据物理化的过程归纳为以下五个环节：

1.从任何地方开始

数据物理化可以从任何地方开始，必要时甚至可以从中间开始，如果你有新的想法也可以重新开始，要将视觉变量转化为物理数据编码。

2.画出来

绘画是一个非语言思维过程，在纸上发现创意对于解决从二维到三维的问题至关重要。绘图是一种直接的表达方式，最好没有任何约束或限制，可以把数据物理化的空间无限放大，同时考虑物理环境、使用场景和交互模式。

3.使用简单的材料、数据集和简单的过程

开始时建议使用易于操作且易于找到的材料，如厚纸、纸板、螺纹、牙签、墨水、黏土等任何直接用手即可完成形式的材料。此外，使用 10 个数据点比使用 1000 个数据点要容易得多，因此在找到方法或过程之前可以先从一个小的数据样本开始。为了更容易上手，可以使用剪纸、墨水和纸板进行数据物理化。

4.快速迭代和原型设计

原型设计是在三维空间中测试想法的一种快速设计方法。快速迭代设计涉及迅速连续制作多个版本的想法，是一个改进的过程，这一改进过程最终将更接近预期的结果，强调数量而不是质量。

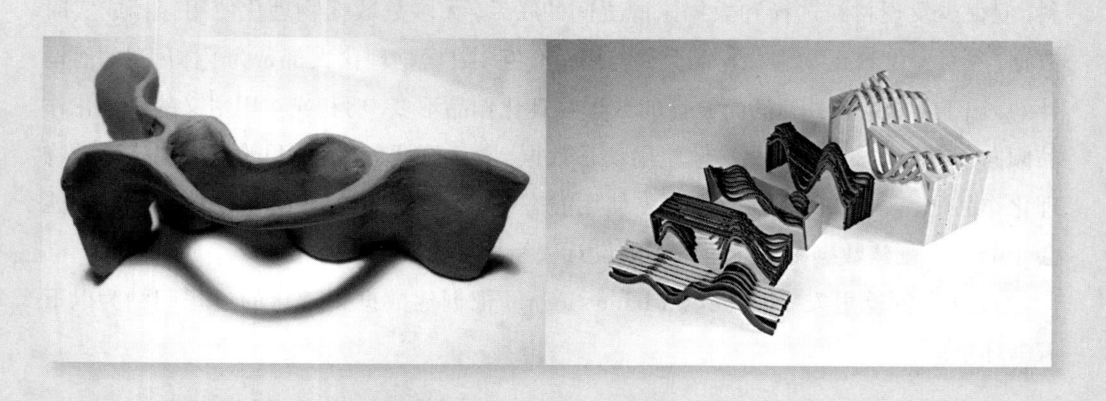

图118 阿德里安·西格尔用各种材料制作的关于潮汐和河流的数据雕塑模型

5.强调过程

要有耐心，坚持下去最终会实现最初的构想。如果遇到问题，可以先放一放，然后以全新的视角重新开始。在数据物理化过程中，物理化的制造可以采用数字、手动或两者相结合的方式。

数据物理化帮助我们筛选和过滤我们周围的大数据，形成有用的、可操作意义层面的知识和见解，有助于我们形成对世界的理解。如果我们调查如何从综合信息中获取知识，我们会发现经验和感知是非常重要的。值得注意的是，经验是生活体验中个性化的东西，是获取知识的关键。因此，信息只能在一个有思想、有感觉的人身上形成主观上的知识。哲学家、教育改革家约翰·杜威(John Dewey)在《艺术即经验》中提出的理论深刻地影响了艺术品如何通过经验表达思想、意义和信息。杜威认为，在更大的社会范围内，艺术被错误地定义为一个对象，而事实上，艺术这个词是艺术家和主动观察者在物质和心理环境中相遇的催化剂。从这个角度看，艺术品实际上是一种体验媒介。

虽然科学地收集数据必须尽可能客观，但之后数据会发生什么在于设计师如何解释。艺术家和设计师可以把他们对形式、材料和三维空间的知识用在以有形的方式呈现信息上，以表格或纯视觉数据无法实现的方式帮助人们与数据建立有意义的个人联系。

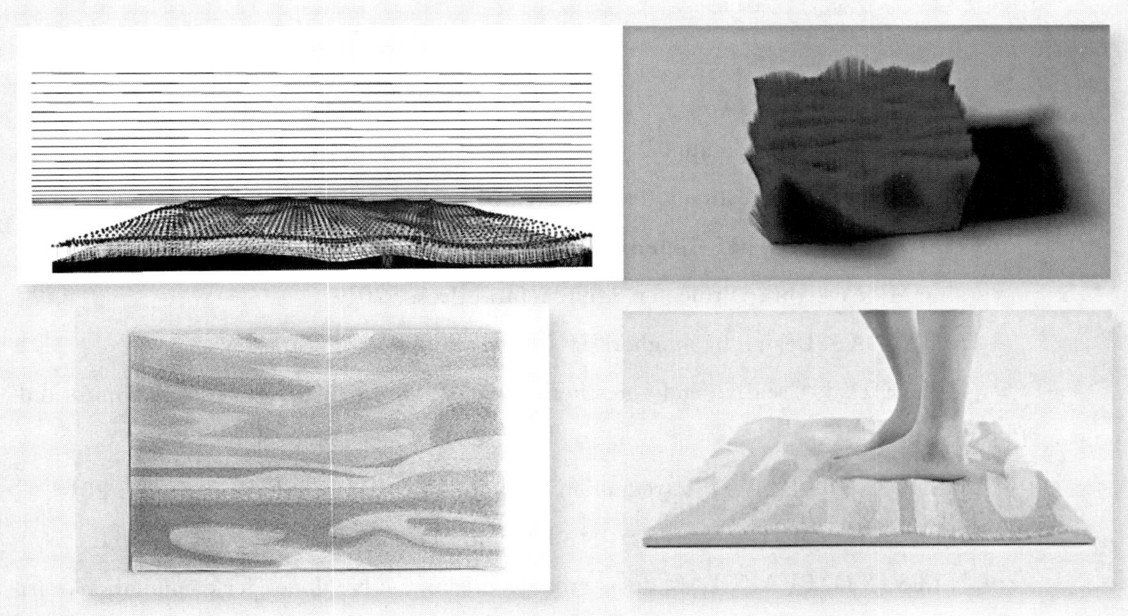

图119 《不平地毯》，张瑶，2022

通常地毯是“平整的”，但突然的“不平”或许能够发挥提示和帮助有意识回忆的作用。作品记录了周一到周日0: 00-23: 00的数据映射到地毯的底层形态上，从左视图和正视图中可以看出其微起伏的状态，甚至可以很好地辨别睡眠和活跃的时间段。

参考文献

（一）中文参考文献

[1] 周以真. 计算思维[J]. 王飞跃，徐韵文，译. 中国计算机学会通讯，2007（11）：77–79.

[2] 向帆. 可视化设计视野中的视觉艺术研究[J]. 文艺理论与批评，2020（2）：46–53.

[3] 麦克卢汉. 理解媒介：论人的延伸[M]. 何道宽，译. 南京：译林出版社，2019.

[4] 王娜娜，陈小林. 生成式路径下数据驱动的视觉传达设计[J]. 包装工程，2021（22）：240–250.

[5] 付志勇. 信息设计在未来预见、反思实践、社会影响等方面有积极推进作用[J]. 设计，2021（14）：56–61.

[6] 瑞斯，威廉姆斯. 形式与编码在设计、艺术、建筑中的应用[M]. 魏东，译. 北京：中国传媒大学出版社，2017.

（二）英文参考文献

[1] WING J M . Computational thinking's influence on research and education for All [J]. Italian journal on educational technology, 2017, 25（2）: 7–14.

[2] BOHNACKER H. Generative design: visualize, program, and create with processing[M]. New York: Princeton Architectural Press, 2012.

[3] MAEDA J. Design by number[M]. Boston: MIT Press, 2001.

[4] MAEDA J. Creative code: aesthetics + computation[M]. New York: Thames and Hudson, 2004.

[5] SIM K. GRAPHIC37: introduction to computation[D]. Seoul: Propaganda, 2016.

[6] PEARSON M. Generative art[M]. London: Manning Publications Co, 2011.

[7] LEVIN G, BRAIN T. Code as creative medium: a handbook for computational art and design[M]. Boston: The MIT Press, 2021.

[8] ARMSTRONG H. Digital design theory: readings from the field[M]. New York:

Princeton Architectural Press, 2016.

[9] KUSTERS C, KING E. Restart: new systems in graphic design[M]. New York: Thames and Hudson, 2001.

[10] MAEDA J. How to speak machine: laws of design for a digital age[M]. New York: Penguin Random House, 2019.

[11] SHIM K. Computational approach to graphic design[J]. The international journal of visual design, 2016 (4) : 1–9.

[12] WILSON M. Drawing with computers[M]. New York:Perigee Books, 1985.